宇宙は本当にひとつなのか

最新宇宙論入門

村山　斉

ブルーバックス

●構成／荒船良孝
●カバー装幀／芦澤泰偉・児崎雅淑
●カバー・本文イラスト／斉藤綾一
●本文図版・もくじ／さくら工芸社
●協力／ IPMU 、朝日カルチャーセンター新宿教室

はじめに

宇宙と聞いて、あなたは何を思い浮かべますか？　まずはきれいな星、きれいな銀河を思い浮かべることでしょう。私たちは、このような星や銀河を宇宙だと思っていたわけです。しかし、二〇〇三年を境に、このような考え方がすっかりひっくり返ってしまいました。

それは、観測の結果から宇宙全体のエネルギーの内訳が明らかになったからです。それによると星や銀河、それを形作るすべての元素のエネルギーは、宇宙全体の四・四パーセントしかありません。目に見える星や銀河は、宇宙の中のほんの一握りの部分で、残りはまったく目に見えないものだったのです。

私たちは学校で、万物は原子でできていると習いました。ですが、その原子は宇宙全体の五パーセントにもならないのです。ここで疑問となるのが、残りの約九六パーセントは何なのか。実は約二三パーセントは暗黒物質で、約七三パーセントを占めるのが暗黒エネルギーなのです。全部足すと誤差の範囲でちゃんと一〇〇パーセントになります。暗黒物質も暗黒エネルギーも、名前はついていますがその正体はわかっていません。

つまり、宇宙のほとんどすべてについて、私たちはよくわかっていないのです。このことがはっきりしてきたのが二〇〇三年以降のことです。私たちは宇宙についてよくわかってきたつもりだったのですが、実はほとんどわかっていなかったのです。これはコペルニクス的転回に近いものので、地球が宇宙の中心だという天動説を信じきっていたところに、実は地球は宇宙の中心ではなくて、太陽が中心だと、完全に考えが入れ替わったのと同じぐらいの衝撃があります。今まで、私たちは、原子のつくる宇宙が、宇宙のすべてだと思っていました。それが、最近になって間違いであることがわかってきたのです。

今、宇宙研究の現場では暗黒物質をつかまえる一歩手前まできています。暗黒物質がなければ、地球も、太陽も、星も、銀河も、生まれませんでした。私たちは暗黒物質のおかげで生まれたと言ってもウソではありません。しかしその正体はまだ不明です。幸い、去年本格的に稼働し始めたLHC実験、日本の神岡鉱山の地下一キロメートルで始まるXMASS《エックスマス》実験など、ここ数年間はとても楽しみです。今後一〇年間に暗黒物質の正体が少しずつ明らかになってくるのも夢ではありません。今話題になっているのは、暗黒物質が異次元から来る使者である可能性。SFではなく、真面目に議論されている物理学の最新理論、多次元宇宙です。

一方、暗黒エネルギーは逆で、せっかくできた宇宙の大規模構造を引き裂いてバラバラにしようとしています。この正体はもっと不明ですが、日本のすみれ計画等で徐々にはっきりしてくるでしょう。今一番の有力候補は「真空のエネルギー」です。なぜ真空がエネルギーを持つのか。これはミクロの世界を支配している量子力学の予言です。しかし、計算してみると、欲しい量の一〇の一二〇乗（10^{120}）倍。これでは宇宙は誕生後間もなく引き裂かれてしまい、星も銀河も生まれる時間がありません。ここで出てきた考え方は、宇宙はもっとたくさん、もしかすると一〇の五〇〇乗（10^{500}）個もあるかもしれない、という多元宇宙です。たくさんの宇宙の中で、「たまたま」真空のエネルギーが十分小さかったものがごくわずかあり、私たちの宇宙はその一つだというのです。

この本では、宇宙創生のカギをにぎる暗黒物質や暗黒エネルギー、そして宇宙はいったいどのような姿をしているのかということを中心に語っていきます。この宇宙について、私たちはどんなことがわかっていて、何がわかっていないのでしょうか。最近のトピックスをおりまぜながら、宇宙とは何かをいっしょに考えていきたいと思います。

第1章　私たちの知っている宇宙

私たちは、この宇宙についてどれだけのことを知っているのでしょうか。まず、話のとっかかりとして、私たちがこの宇宙について知っていることを整理して、それから細かく話をしていこうと思います。

太陽系は宇宙の一部

夜、空を見上げると、月や星が見えます。私たちのもっている宇宙のイメージは美しい星空といったところでしょう。星空を見ていると、誰でも宇宙はいつできたのか、なぜ、私たちがいるのだろうかなどと、いくつもの疑問が生まれてくると思います。これらの問いは哲学的なものに聞こえるかもしれません。しかし、最近、これらの疑問に科学が迫ることができるようになってきました。

私たちは地球の上で生活していて、地球は太陽の周りを回っています。ほんの数百年前まではこのこともわかっていませんでした。人間は、宇宙の中心は地球だと信じてきたのです。コペルニクスやガリレオが、「そうではなく、地球が太陽の周りを回っている」という地動説を唱えても信じる人はあまりいませんでした。

人間が地動説を信じるようになったのは一七世紀になってからです。ニュートンが力学を体系的にまとめ、太陽系の天体の動きを説明することができる法則が明らかになってはじめて、私たちは地球が太陽の周りを回っていることを理解するようになったのです。
そして、太陽を中心とした天体の総称を太陽系というようになりました。それからしばらくは、太陽が宇宙の中心だと考えられてきました。太陽系は私たちの感覚からしたらとても大きなものですが、宇宙全体からみるととても狭い範囲です。太陽系よりも宇宙が大きく広がっているとわかってきたのは一八四〇年ごろになってからです。このころになると、夜空を彩る星々の距離がわかるようになりました。

図1—1　フリードリッヒ・ベッセル　はくちょう座61番星までの距離を計測した。

たとえば、ドイツの天文学者フリードリッヒ・ベッセル（図1—1）ははくちょう座61番星までの距離を測ることに成功しました。その距離は地球から一一・二光年でした。つい数年前まで太陽系惑星の仲間で太陽から最も遠くに位置していた冥王星までの距離でさえ約五九億キロメートルです。一光年は光が一年間で進む距離で、約九兆四六〇〇億キロメートルですので、明らかに太陽系の外に位置します。そして、研究が進むにつれて、太陽は星たちと同じ恒星の一つであることや、たくさんの恒星が集まって銀河をつくっていることもわか

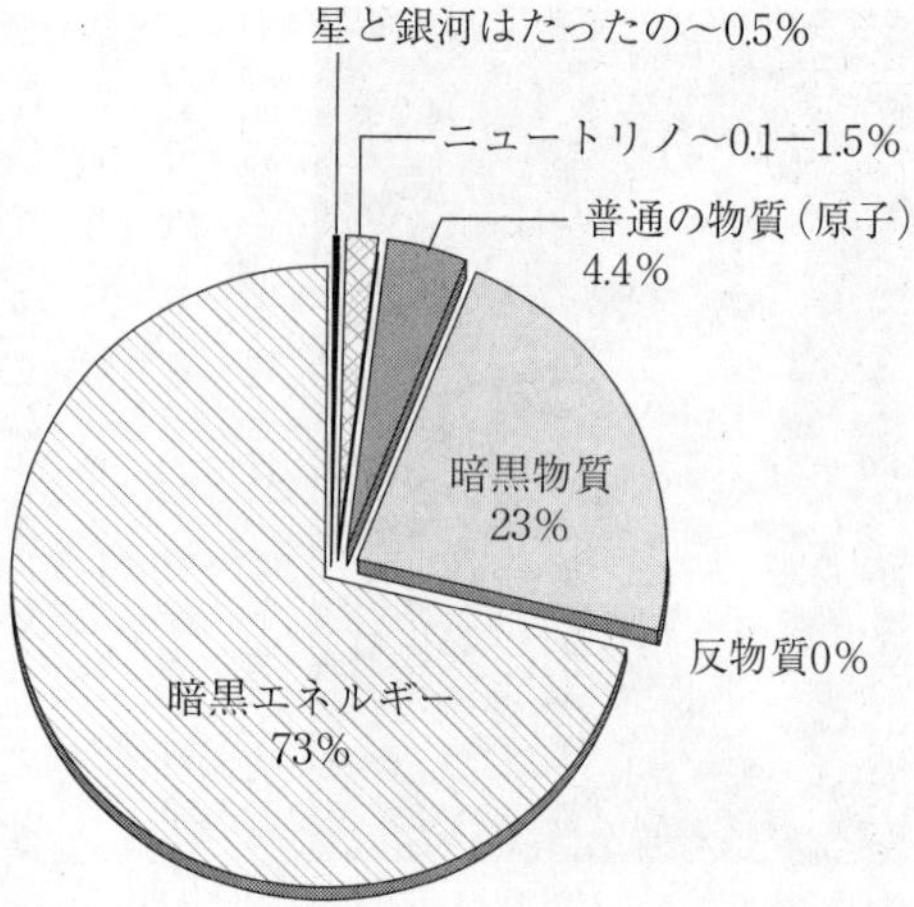

図1―2　宇宙の構成　物質は宇宙全体の５％にも満たないという。

ってきました。私たちがいる銀河は銀河系とか、天の川銀河と呼ばれています。たまたま地球が太陽の近くに誕生し、私たちは太陽の恩恵を受けて生活をしているので、太陽を特別な存在だと思っているわけですが、物理学の立場からみれば、太陽は特別な存在ではなく、数ある恒星の中の一つにすぎないというのです。しかも、太陽系は天の川銀河の中心から遠く離れた場所にありました。太陽は宇宙の中心という考えは崩れ去り、太陽は天の川銀河の端っこに位置する恒星の一つという認識に書き替えられたのです。

では、天の川銀河の中心がこの宇宙の中心なのでしょうか。答えはノーです。実は、天の川銀河の外にもたくさんの天体が存在し、別の銀河がありました。そして、銀河がたくさん集まって銀河団というグループをつくっていることも明らかになっています。しかも、銀河団はとても不思議な集まり方をしているのです。あるところには銀河が密集して集まっているかと思えば、別のところでは銀河が一つもない空白地帯があります。まるでいくつものシャボン玉や泡がくっついたような構造をしているのです。これは宇宙の大規模構造といわれ、なぜ、このような構造ができたのかとても不思議です。

その謎を解くためにも、今、世界中で遠くの宇宙を見ようとしています。宇宙は遠くに行けば行くほど、昔の姿が見えてきます。星や銀河だけでなく、ビッグバン自身も見えるようになるのではないかと期待されています。私たちは、まだ、ビッグバンそのものを見ることはできませんが、この宇宙に残っているビッグバンの残り火を観測することには成功しています。その観測の結果、わかったのが「はじめに」でお伝えした星や銀河など原子でできている物質は宇宙全体の五パーセントにも満たないということです。残りは、約二三パーセントは暗黒物質、約七三パーセントは暗黒エネルギーであることしかわかっていません(図1―2)。暗黒物質の正体を暴く研究は世界中で進められており、一〇年以内には解明できるのではないかと期待しています。

太陽系をのぞいてみると

太陽系というのはもちろん、私たちにとってとてもなじみの深い場所です。人間は、大昔から宇宙を見上げてきましたが、一九五七年一〇月四日にソ連(現ロシア)がスプートニク1号の打ち上げに成功して以来、人工衛星や探査機などを宇宙に送り込むようになりました。初の打ち上げからこれまでに六〇〇〇個以上もの衛星や探査機が打ち上げられ、地球の周りには本当にたくさんの人工物が回っています。

この間、人工物だけでなく、人間もたくさん宇宙に飛び出すようになりました。人類初の宇宙飛行をおこなったのは、言わずと知れたソ連の宇宙飛行士ユーリ・ガガーリンです。彼は一九六一年四月一二日に宇宙に飛び立ち、「地球は青かった」という名言を残しています。それから五〇年ほどで五〇〇人以上が宇宙へ行きました。地球の人口は七〇億人を超える勢いですので、その中の五〇〇人というと割合にしたらかなり少ない数です。数はまだまだ少ないかもしれませんが、地球の人たちが宇宙に行く準備は確実に進んでいます。国際宇宙ステーションができ、数人でも常に誰かが宇宙に滞在するという状況もつくられました。日本人の宇宙飛行士も宇宙で活躍するようになりました。宇宙に対する知識や技術が積み重なれば、宇宙に行くこともより身近になってくることでしょう。

現在、国際宇宙ステーションまでは、ロシアのソユーズで約二四時間、アメリカのスペースシャトルで約四五時間かかります。宇宙に行くのはとてもたいへんなので、とても遠くまで行っているような気がします。しかし、国際宇宙ステーションは地球から約四〇〇キロメートルしか離れていません。地球の直径は約一万三〇〇〇キロメートルですから、地球の直径と比べるとほんのちょっとの距離だということがわかります。地球が桃くらいの大きさだとすると、国際宇宙ステーションのあるところは桃の皮一枚の厚さの距離になります。つまり、宇宙から見ればほとんど変わらないくらいの距離しか宇宙に進出していないのです。

ただ、今から四〇年ほど前、人間がもっと遠くにある月まで行ったことがありました。それがアメリカのアポロ計画でした。二〇〇七年九月に打ち上げられた日本の月探査機「かぐや」は二年近くかけて月の上空を回り、月の撮影をしたり、さまざまな観測をしました。私がとても感激したものの一つに、宇宙空間に地球がぽっかりと浮かんでいる画像があります。ハイビジョン撮影で月から見たとてもきれいな地球の画像が撮られたわけです。月は地球から一番近い天体です。一番近いのですが、距離は約三八万キロメートルもあります。光の速さで進んでも一・三秒かかるわけです。

月の次に近いのは同じ惑星の金星ですが、自分で光を出す恒星に限ってみると一番近いのは太陽になります。地球から太陽までの距離は約一億五〇〇〇万キロメートルあります。ここまで離れてくると、キロメートル（㎞）で表現してもピンとこないし、数も大きくなります。そこで、宇宙では距離を表すのに光の速さで到達する時間を使います。地球から太陽までは光の速さで八・三分かかります。つまり、私たちが見ている太陽の光は、常に八・三分前の光なのです。もし仮に、この瞬間、太陽が何らかの理由でなくなってしまっても、私たちは八分間は気がつきません。八分経った後で、「おっ！」と驚くということになります。それぐらい遠いわけです。

太陽の周りには八つの惑星が周回していて、太陽系をつくっています。惑星の間に小惑星といわれる小さな天体もたくさん見つかりました。二〇〇五年に日本の小惑星探査機「はやぶさ」が地球と火星の間にある小惑星イトカワに到着しました。イトカワは地球から約三億二〇〇〇万キロメートル離れた軌道を回っています。この距離は光で一八分近くかかります。

余談になりますが、この「はやぶさ」は、話を聞くと本当に血と涙の航海です。はやぶさには、もともと推進役のイオンエンジンと姿勢制御のための化学エンジンがついているのですが、化学エンジンの方が壊れてしまった。そのため、イオンエンジンに使っていたキセノンガスを姿勢制御のために使い、ボロボロになりながらもなんとか戻ってきたというわけです。

さて、太陽系に話を戻します。私が子どもの頃には一番遠いところにある惑星は冥王星だったのですが、二〇〇六年八月に惑星から準惑星へ格下げになってしまいましたから、現在は海王星が太陽系で一番遠い惑星になります。太陽から海王星までは約四五億キロメートル、光の速さで四時間かかります。一九七七年に打ち上げられた惑星探査機ボイジャー1号と2号は天王星、海王星を過ぎて、太陽系をどんどん越えていく旅に出ましたが、海王星ぐらいまで来ると、地球から「お～い」と声をかけても四時間後にならないと信号が届きません。そして、その信号を受けてから返答するので、少なくとも八時間後にならないとボイジャーからの答えが聞けないのです。そういう距離になってくるわけです。

意外に速い公転速度

太陽系では、それぞれの惑星は太陽の周りをグルグル回っています。この速度は意外にもあまり知られていません。地球を例に取ってみると、秒速三〇キロメートルで太陽の周りを回っています。秒速三〇キロメートルというのは、ものすごいスピードです。

これだけの速さで回っている地球が、どうして飛んでいかないかというと、もちろん太陽が重力で引っ張ってくれているからです。ちょうど、ひもの先にボールや石をくりつけて、カウボーイがやっているように、グルグル回していっても、ボールは同じ場所を回り続けるだけで、飛んでいったりはしません。ひもが一生懸命引っ張っているからです。同じように、地球は太陽の重力によって引っ張られているので、秒速三〇キロメートルで動いていても、飛んでいかないのです。

太陽の重力の影響を受けて、惑星一つ一つがどのくらいの速さで動くのか、そしてどのくらい遠くにあるのか。その関係を比べると、きれいな曲線のグラフが描けます。このグラフを見ると、水星などの太陽の近くにある惑星は速度が速く、遠くにある惑星は遅くなっていきます（図1―3）。

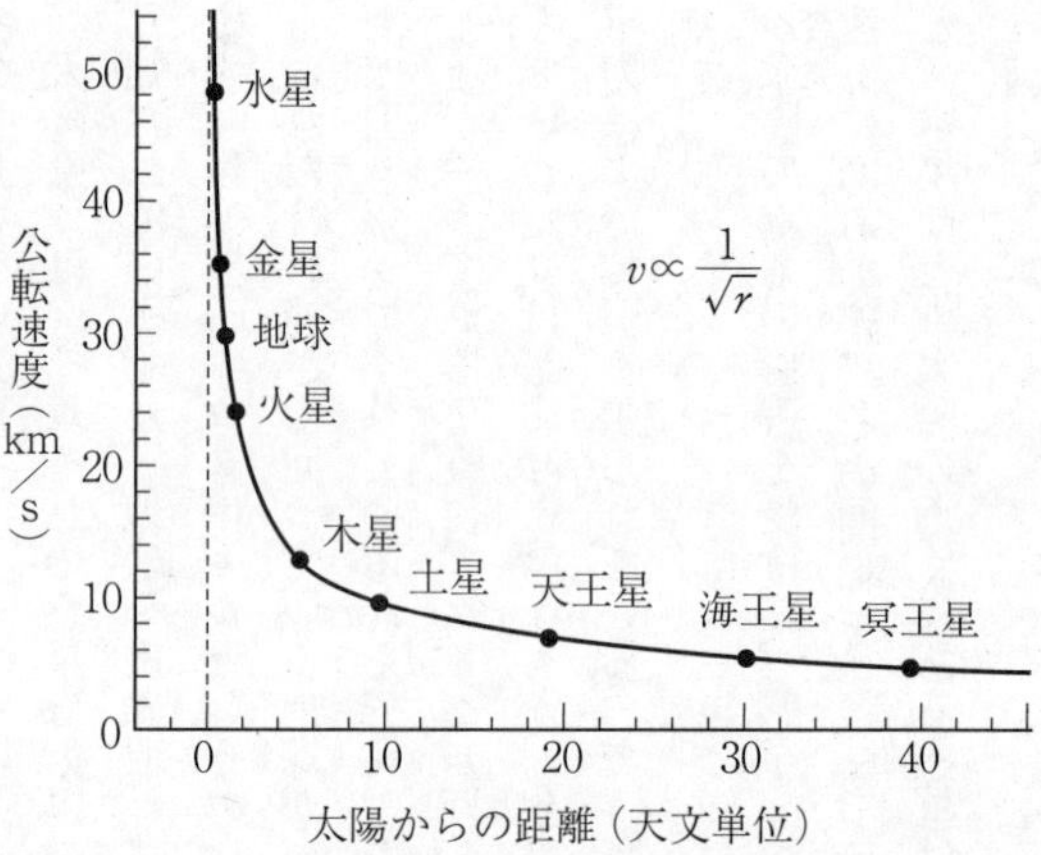

図1―3　太陽系内の惑星の公転速度　地球は秒速30キロメートルの速さで太陽の周りを回っている。

例えばフィギュアスケートで、スピンをしたとき、手を体の前にぴったりとつけると速く回りますが、広げるとゆっくり回ります。それと似たように、近いところにある惑星は速く回り、遠い場所にある惑星はゆっくり回るのです。

太陽に一番近い水星は地球よりも速度が速く、秒速五〇キロメートルくらいで回っています。もう惑星ではなくなりましたが、冥王星は秒速五キロメートルと、だいぶゆっくりになります。惑星の距離と速さの関係を表したのが、有名なケプラーの法則です。式で書くと（1）のようになります。

$$v \propto \frac{1}{\sqrt{r}} \quad (1)$$

（v：惑星の公転速度、r：惑星から太陽までの平均距離）

この法則によると、距離が四倍になると速さが半分になり、距離が九倍になると速さは三分の一になります。距離の平方根分の一の割合で、速さが遅くなるからです。太陽の重力に引っ張られてグルグル回る速度は、遠くに行けば行くほどだんだんとゆっくりになります。これが太陽系の中の惑星の動きです。

星は何からできているのか

太陽系の中では、恒星は太陽一つだけでした。太陽の次に近い恒星はどこにあるのかといえば、光速で四・二年もかかる場所にあります。ケンタウルス座プロキシマ星です。太陽系のときとは比べものにならないくらい遠くにあります。先ほども話に出たボイジャーは、もう太陽系の惑星よりも遠くに行っているわけです。それも秒速一〇キロメートルというスピードで。このボイジャーがケンタウルス座プロキシマ星と同じ距離まで到達するには、秒速一〇キロメートルで移動しても一〇万年以上かかります。つまり、太陽系から一番近い恒星に行くことは、今の技術では無理なのです。このような所へ行った人もいなければサンプルを採った人もいません。ですが、このような星がどのようなものでできているのかが、突き止められています。二〇世紀のはじめのころの天文学者や物理学者が一生懸命調べてくれたおかげで、今、私たちは、一生をかけても行くことさえできない場所にある星が何でできているかわかるわけです。

では、どのようにして彼らは星の成分を調べたのでしょうか。その答えは光です。星からやってくる光を分析し、星の成分を割り出していったのです。太陽から来る光は白く見えますが、プリズムという道具を使えば、赤から紫までの色に分けることができます。

普通のプリズムだと、あまり精度がよくなくてわかりにくいのですが、すごく精密な機械を使うと、色に分けたときに、色がついているというだけではなく、黒い線を見ることができます。この黒い線は、色が欠けている部分なのです。色は赤から紫まで途切れることなく続いていると思っていたら、途中で欠けている部分があることがわかってきました。当然、これは何だろうと思うわけです。これをもっとズームアップして見てみると、このような黒い線は、実はたくさんあったのです。この線の謎を調べていくと、星の成分につながっていたのです。

この線は実験室でもつくることができるものでした。物質は、固体、液体、気体の三つの状態をとります。これを物質の三態といいます。温度が高い場所ではどんな物質でも気体（ガス）になります。光がこのガスの中を通ると、光の一部が吸収されてしまうのです。そして、吸収された証拠として、その部分が黒い線として残るわけです。この黒い線は、元素の種類によって現れる場所が違います。つまり、この線は、個々の元素が「私は何々というものです」と自己紹介をしているようなものなのです。その関係を表したのが図1―4です。

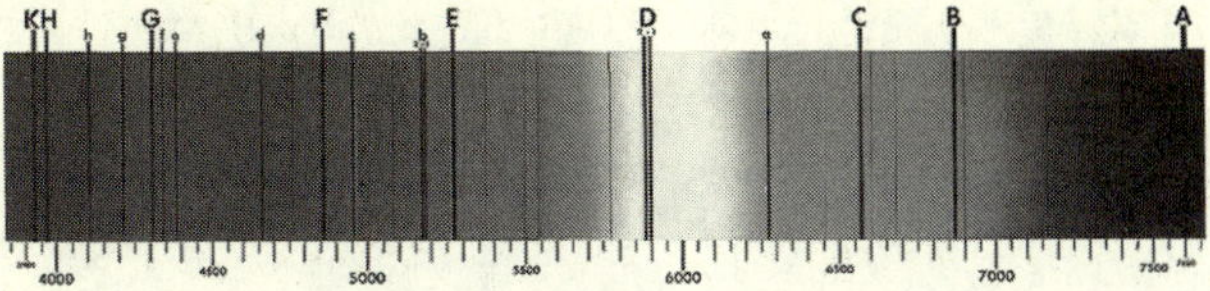

図1―4　吸収線と元素の関係　元素はある決まった色を吸収することから、吸収線の波長から元素の存在が割り出せる。

この図にはたくさんの元素（黒い線）がありますが、どの元素がどの色を吸収するということがはっきりと決まっています。ですから、太陽からやってくる光を、きちんと色分けすると、特定の場所に黒い線が現れて、太陽にはどのような元素がどのくらいあるかがわかってきます。

例えば、元素ごとに色が決まっているもので、有名なものとしてはナトリウムがあります。よく、トンネルに入ると黄色いランプがついています。あれはナトリウムランプです。肌に当たると、色がちょっと気持ち悪いという話をよく聞きますが、あの色は、本当にナトリウムの出す特別な色です。ですから、あの色が太陽から来る光で黒く欠けていると、「あ、これだけナトリウムが太陽にあるんだな」ということがはっきりわかるのです。そういうふうに、元素一個一個は、特定の色にはっきりと対応しています。

太陽から来る光だけでなく、他の恒星から来る光も、色分けして欠けている色を調べることで、その星にどのような元素がどのくらいあるのかがわかってしまうのです。このように私たちは、地球から遠く離れた場所にある星がどのようなものからできているのかを、実際にその星まで行かなくても知ることができるのです。

このような話をすると、星の光でわかるのは表面だけではないのかと思う人もいるかもしれません。実際、太陽を見たときに、赤や黄色に見えるのは、太陽の表面の部分です。太陽の表面温度は約六〇〇〇度Cと、ものすごく熱いわけですが、内部に入っていくと、もっと密度が高くなり、さらに熱くなります。太陽の場合、中心部分は一五〇〇万度Cにも達します。

「そのような場所は何でできているのか」

「サンプルを採取することは絶対できないのに、本当に原子でできていると、どうしてわかるのか」

という疑問が出てきてもおかしくありませんし、それはもっともだと思います。しかし、今は理論と観測技術の発達により、恒星の中心部も何でできているかがわかっているのです。

ニュートリノの贈りもの

そのきっかけとなったのが超新星爆発です。超新星爆発とは、星が生涯の最後に大爆発する現象のことです。大爆発をするときはたくさんの光を出します。この超新星爆発の残骸は今もこの宇宙に残っていて、望遠鏡で見ることができます。

超新星爆発の光は、銀河系全部の星を合わせたものよりも明るくなります。超新星爆発を起こ

図1—5　超新星爆発の瞬間　6年前の2005年（左）とつい最近観測された渦巻銀河の中の超新星爆発の様子。ひときわ光り輝いている。（R Jay Gabany）

している瞬間の写真が図1—5です。

超新星爆発が起きるときは、光とともにニュートリノもたくさん出ます。実は、超新星爆発では先にニュートリノが放出され、その後、光が出てきます。しかも、ニュートリノのエネルギーは光のエネルギーの一〇〇倍もあります。超新星爆発では、それだけたくさんのニュートリノが放出されることになります。ニュートリノは幽霊のような粒子で、なかなかとらえることができなかったのですが、カミオカンデという装置を使って小柴昌俊先生がとらえることに成功しました。そして、この功績が認められてノーベル賞を受賞したのです。小柴グループの中では、私の同僚の中畑雅行氏が現場で最初に見つけたと聞いています。

ニュートリノの観測結果をグラフにしたものが図1—6です。これは横軸が時間です。ニュート

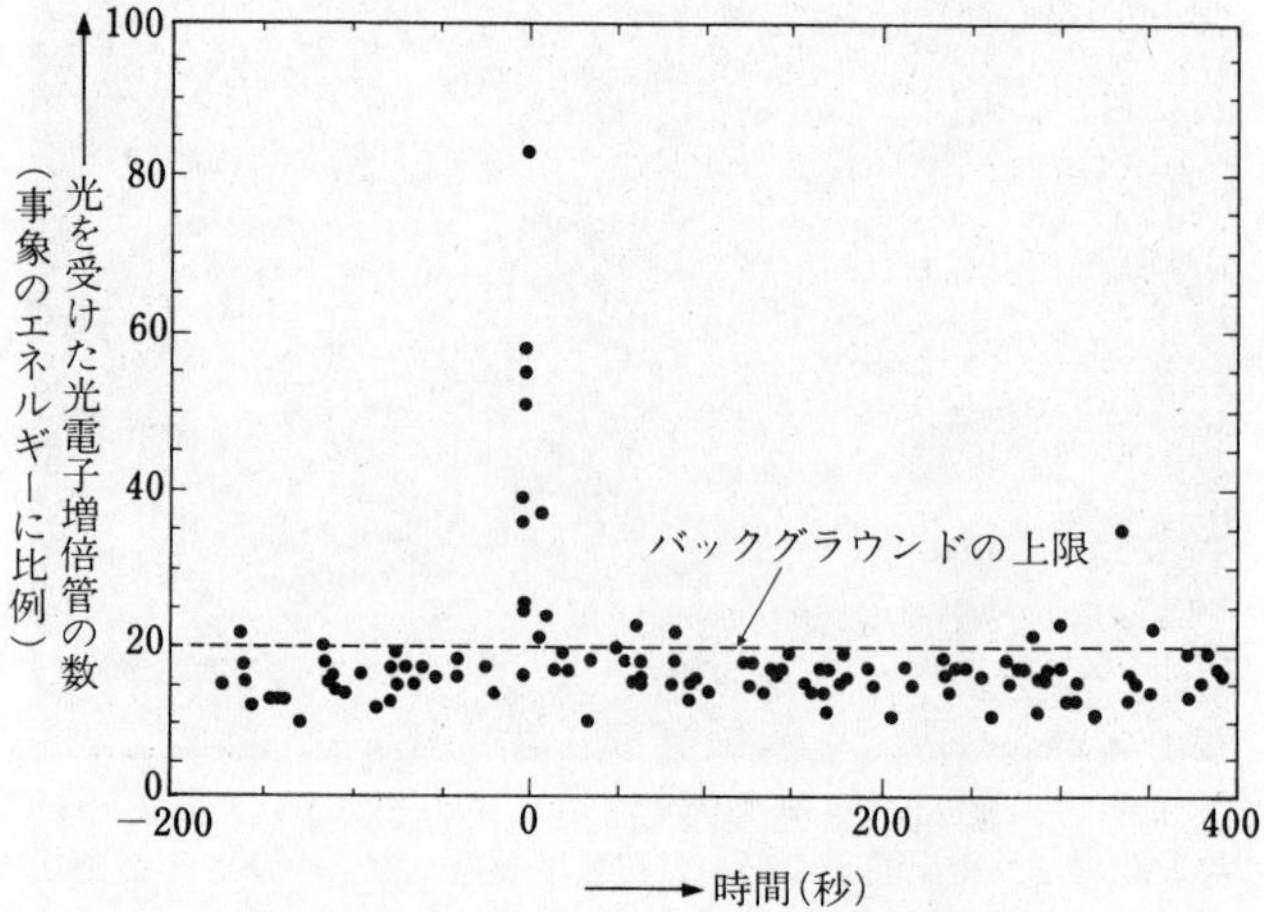

図1―6　超新星爆発によって発生したニュートリノをとらえた瞬間　（『ニュートリノ天体物理学入門』より）

リノは時々、ポッン、ポッンと観測されるのですが、超新星爆発が起きた瞬間、たくさんやってきます。ニュートリノは普通の物質なので原子が反応したときに発生する物質なのです。超新星爆発の時に発生するニュートリノは、星の中心部で起こる反応なので、ある反応からニュートリノが発生したことが突きとめられれば、星の中心部もちゃんと原子でできているということがわかるのです。

小柴先生がニュートリノをとらえたとき使っていたのはカミオカンデという装置でした。今は、カミオカンデより大型のスーパーカミオカンデが活躍しています（図1―7）。このスーパーカミオカンデは五万トンの水を貯める大きなタンクのようなもので、高さが約四〇メートルもあります。これは一二階建

図1—7　スーパーカミオカンデの内部　光電子増倍管が壁一面に埋め込まれている。（東京大学宇宙線研究所　神岡宇宙素粒子研究施設）

てのビルと同じ高さです。そのビルのようなタンクの内側に大きな水銀灯のようなものがいっぱいついています。これは光電子増倍管といって、光を出すものではなく、光をとらえるものなのです。

先ほど、ニュートリノはいるかいないかわからない幽霊みたいな粒子だと言いました。ニュートリノは途中にものがあってもほとんどすり抜けてしまいます。ですから、ニュートリノの存在を予言した物理学者のパウリでさえ、実際に捕まえるのは無理だと予言していたくらいです。しかし、人込みの中を歩こうとすると周りの人にぶつかりやすいように、ニュートリノでもたくさんの原子や分子がある場所を通過しようとすると、少しは周りの原子や分子とぶつかることがわかってきました。光電子増倍管はニュートリノが水分子とぶつかったときに出す小さな光をとらえるためのものです。

この光電子増倍管のガラス面に光が当たると、そこから電子がはじき飛ばされます。その電子を増幅して信号で取り出す装置です。スーパーカミオカンデにはこの光電子増倍管が一万個以上もついていて、ニュートリノが水分子に当たった時の光をとらえられるように待ち構えています。ニュートリノというとても小さな粒子の、それも痕跡をとらえるだけで、五万トンの水を貯める巨大な装置が必要なわけです。

ニュートリノ観測の苦労

スーパーカミオカンデは実験をするためにタンクの中に水を入れるわけですが、それだけでも大変です。勢いよく入れたら光電子増倍管が割れてしまいますから、少しずつゆっくりと入れていかないといけません。水を満杯に入れるだけで何ヵ月もかかってしまいます。しかも、水を入れている間も、タンクの中をきれいに保つ必要があります。ニュートリノの反応はめったに見られないものなので、反応したときにはその信号は必ず捕まえたいと研究者は思っています。その時に、雑音になる邪魔なものはなるべく取り除いておきたいのです。雑音があると、ニュートリノが来たことによる信号なのか、雑音に由来するものなのかがはっきりしません。水の中には、微量のウランとかトリウムとかが混ざっているわけですが、一グラムの水に、一兆分の一グラムくらいまでしかないレベルまできれいにしなければなりません。

カミオカンデの最初の頃は、水をきれいにする方法があまりよく知られていなかったので、ずいぶん苦労をしたという話を聞きました。私たちはふだん、あまり意識していませんが、水の中にはバクテリアがたくさん棲んでいます。そのバクテリアは光を出すものもあるので、ニュートリノ検出の際に雑音になってしまうのです。それを一つ一つ取り除いて水をきれいにしていったというのです。今は、水をきれいにする装置も開発されていますが、最初の頃は計り知れない苦労があったわけです。その苦労が実って、ニュートリノ観測に成功して、カミオカンデとスーパーカミオカンデは世界的に有名な装置になりました。

星の内部を調べる

このスーパーカミオカンデは、超新星爆発からのニュートリノを捕まえるだけの装置ではありません。太陽も見ることができます。太陽を見るというととても簡単なことのように思うかもしれません。しかし、スーパーカミオカンデは普通に光で太陽を見るわけではないのです。スーパーカミオカンデのタンクは地下一キロメートルの深さにあり、光は届きません。では、何で見るのかといえば、やはりニュートリノで見るのです。ニュートリノは物質にぶつかっても通り抜けてしまうので、どんなに深い場所にあっても届きます。

先ほどもお話ししましたが、ニュートリノは太陽の表面ではできません。中心部で核融合反応が起きることによって発生するのです。この核融合反応のおかげで太陽は光っているし、ニュートリノができて、地球にやってくるのです。そのため、ニュートリノで太陽を見てみると、光とは違って太陽の中心部分が見えてきます。太陽の中心部から来るニュートリノがちゃんと見えているということは、太陽の中心で起きている反応が何かわかったということですから、太陽は表面だけでなく中心部分も、普通の原子でできているということがわかるのです。

太陽が表面も中心部分も普通の原子でできているということは、太陽と同じような恒星はすべて原子でできているということです。私たちの銀河系の中にある星も、隣の銀河にある星も、すべて普通の原子でできているのです。

天の川銀河を詳しくのぞいてみよう

図1—8　天の川銀河の姿　きれいな円盤を形成している。(NASA)

では、今度は銀河全体を考えていきましょう。例えば天の川銀河。空を見上げると、きれいな天の川が見えます。この天の川は、実は天の川銀河の円盤部分にあたります。では、どうして天の川が流れているように見えるのでしょうか。

それは天の川銀河が図1—8のような円盤の格好をしているからです。もちろん天の川銀河から出ていって、写真を撮って帰ってきた人はいないわけですから、これはある意味で想像図なのですが、天文学もずいぶん進歩していて、私たちの天の川銀河のどこにどういう星があるかということを、詳しく調べられるようになってきています。ですから、これはしっかりとしたデータに基づいてつくった画像なのです。天の川銀河を出て上から見ると、こういうふうになっているはずということです。

天の川銀河の中には、約二〇〇〇億個という星があります。そして、私たちのいる太陽系は天の川銀河の中心から二万八〇〇〇光年離れた郊外にあります。一般に銀河の中心というのは、みんな星が古くなってしまっていて、新しい星や惑星が生まれたりしていません。しかし、私たちの住んでいる太陽系の周辺は、郊外の新興住宅地なので、まだ若い世代の家族がいて、子どもができ、星が生まれて惑星も生まれ、人間も生まれたということになります。私たちの太陽系はそういうところにいます。

天の川銀河を横から見るとこういうふうになっているはずだと表しているのが図1―9です。この図では、銀河系は薄っぺらくなっていて、ちょうどお好み焼き、真ん中が出っ張っていますから、広島風お好み焼きのようになっています。この太陽系がある場所は、天の川銀河の中心から離れているわけですが、ここから円盤の中心の方角を見ると、星が密集して、天の川、つまり川のように見えるというしくみになっているのです。

天の川銀河は円盤の厚さが一五〇〇光年です。図で見ると、一五〇〇光年が近そうに感じますが、実際には光の速度で移動しても、上から下まで行くのに一五〇〇年もかかってしまいます。

地球から銀河の中心までは二万八〇〇〇年もかかります。天の川銀河の中心部分は、実は塵がたくさんあって、調べるのが難しい場所でしたが、これも技術が進歩したおかげで、内部の様子がだいぶわかってきました。

塵があると見えないというしくみは、ちょうどラジオを聞いているときと同じような感じになります。例えば車を運転していて FMラジオをつけていると、ビルの陰や橋の陰に入ると聞こえなくなります。なぜかといえば、FMラジオは音声を電波に載せて届けます。電波は波の一種です。一回の波の周期がどのくらいの長さなのかを示す波長が、FMラジオの場合は数メートルになります。このため、ビルや橋などがあると、そういうものに当たって跳ね返ったりするので、陰に入ると聞こえ

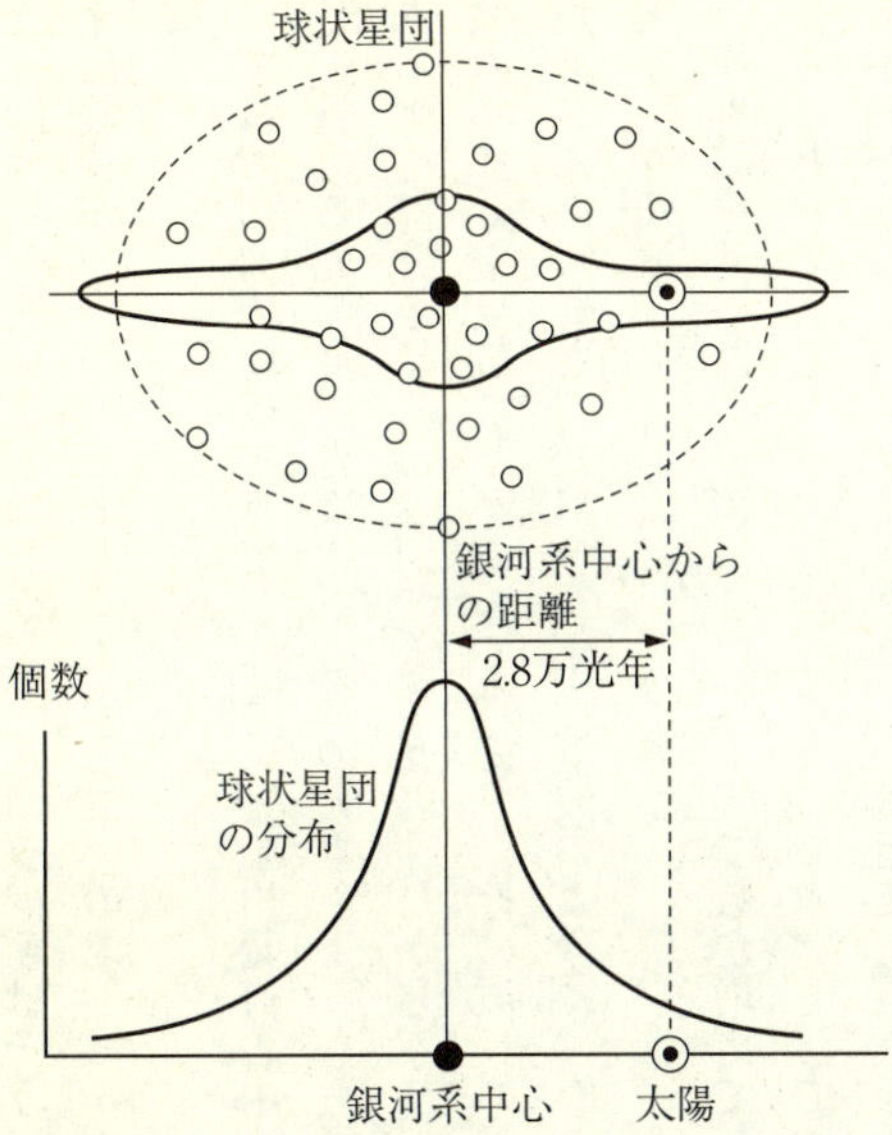

図1―9　銀河系の横顔　真ん中がふくらんだ形をしている。（『銀河物理学入門』より改変）

なくなってしまいます。しかし、ＡＭラジオはそういう場所でも聞くことができます。ＡＭラジオは波長が一〇〇メートルくらいと長いので、ビルや橋の陰になっても回りこむことができるのです。

では、銀河の塵はどうでしょう。天の川銀河の中心部分には塵がたくさんあります。私たちの目に見える光、可視光は、この塵の大きさよりも波長が短いので、可視光ではこの塵がたくさんある中心部分を見ることができません。しかし、ラジオの話と同じように、波長の長い光を使えば中心部分を見ることができるのです。その波長の長い光というのが赤外線です。赤外線は塵がたくさんあっても、ＡＭラジオの電波のように、塵の裏側に回りこんで、その向こう側を見ることができます。

赤外線を使った望遠鏡はここ数十年で数が増えてきました。その結果、天の川銀河の中心部も見ることができるようになってきたのです。そして、銀河の真ん中にはブラックホールがあることがわかりました。ブラックホールはとても巨大な重力の塊なので、光さえも飲み込んでしまいます。一度飲み込まれてしまうと、光でも出てくることができないので、当然、赤外線でも見ることができません。それでも、なぜ、そこにブラックホールがあることがわかるのか。これは中心部分の星の動きをよく観察することでわかってきたのです。

銀河系にもブラックホールが

　銀河系の中心部分の星を見ていると、ある地点で、星の軌道がぎゅっと曲がっていくのが観察できます（図1―10）。これは近くに大きな重力がある証拠です。大きな重力のそばを通ったために、その重力に引っ張られて星の軌道が大きく曲げられるのです。つまり、ブラックホール自身は見えませんが、周りの星の運動を調べると、その星がどのくらいの大きさの重力に引き寄せられているのかがわかります。その情報を集めていくと、「あ、ここにブラックホールがあるんだ」ということが、間接的ではありますがわかってきます。

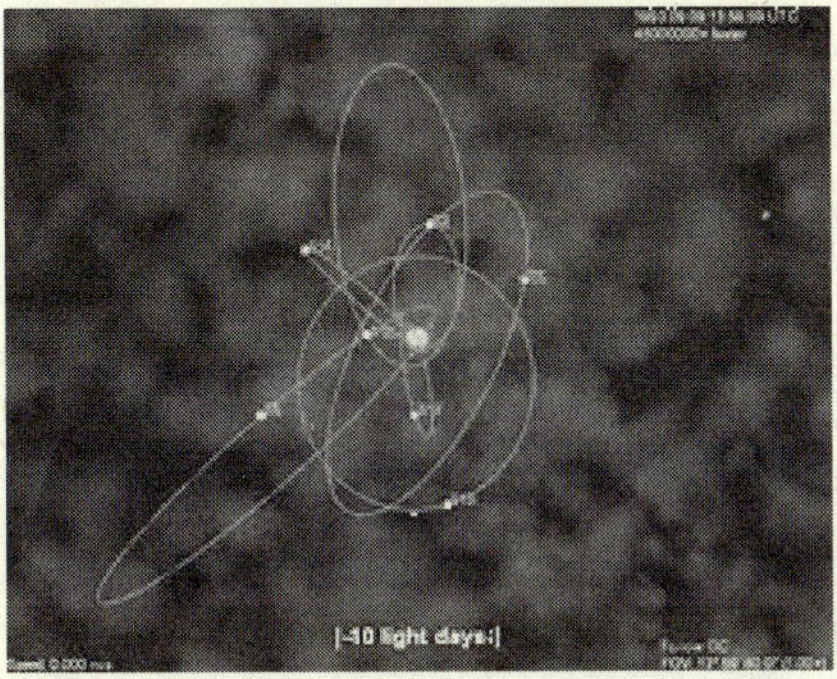

図1―10　ブラックホールの存在が見えた　銀河系の中心部の星の軌道が、ある地点でぎゅっと曲げられると、そこには大きな重力（ブラックホール）があることがわかる。(MPE)

　計算の結果、天の川銀河の中心にあるブラックホールは、太陽の約四〇〇万倍の重さをもっていることがわかりました。しかも、このブラックホールはだんだんと大きくなっています。それがわかるのは、このブラックホールの部分は、明るくなる時があるのです。ブラックホール自身は光らないはずなのに、なぜ、ときどき明るくなるのか。その理由はブラックホールが周りにあるガスを飲み込んでいるからなのです。

ブラックホールは一度入ったら絶対出ることができない場所です。この宇宙で一番速い光ですら出ることがないので、当然、ガスも出てくることはできません。しかし、ガスはブラックホールに飲み込まれる直前に光を出します。まるで断末魔の叫びのように。

ブラックホールは巨大な重力をもっていますが、その重力の影響が及ぶ範囲とそれ以外の部分を分ける境界があります。それが事象の地平面と呼ばれるものです。事象の地平面より内側に入ると、ブラックホールの重力の圏内に入るため、光でも絶対に出ることができなくなり、ブラックホールの中心に落ちて行くしかなくなります。

このように、天の川銀河の中心部にあるブラックホールは、周りのガスを少しずつ飲み込んで太っていきます。このような銀河は珍しいのかといえば、そうではありません。天の川銀河のような渦巻銀河の中心部分には、ブラックホールが必ずあります。天の川銀河にあるブラックホールは太陽の四〇〇万倍の重さでしたが、他の銀河にはもっと重いブラックホールがあり、太陽の重さの一〇〇億倍もあるものも存在します。

奇妙な銀河の回転

太陽系の話のときは、地球は太陽の重力に引っ張られて、秒速三〇キロメートルという猛スピ

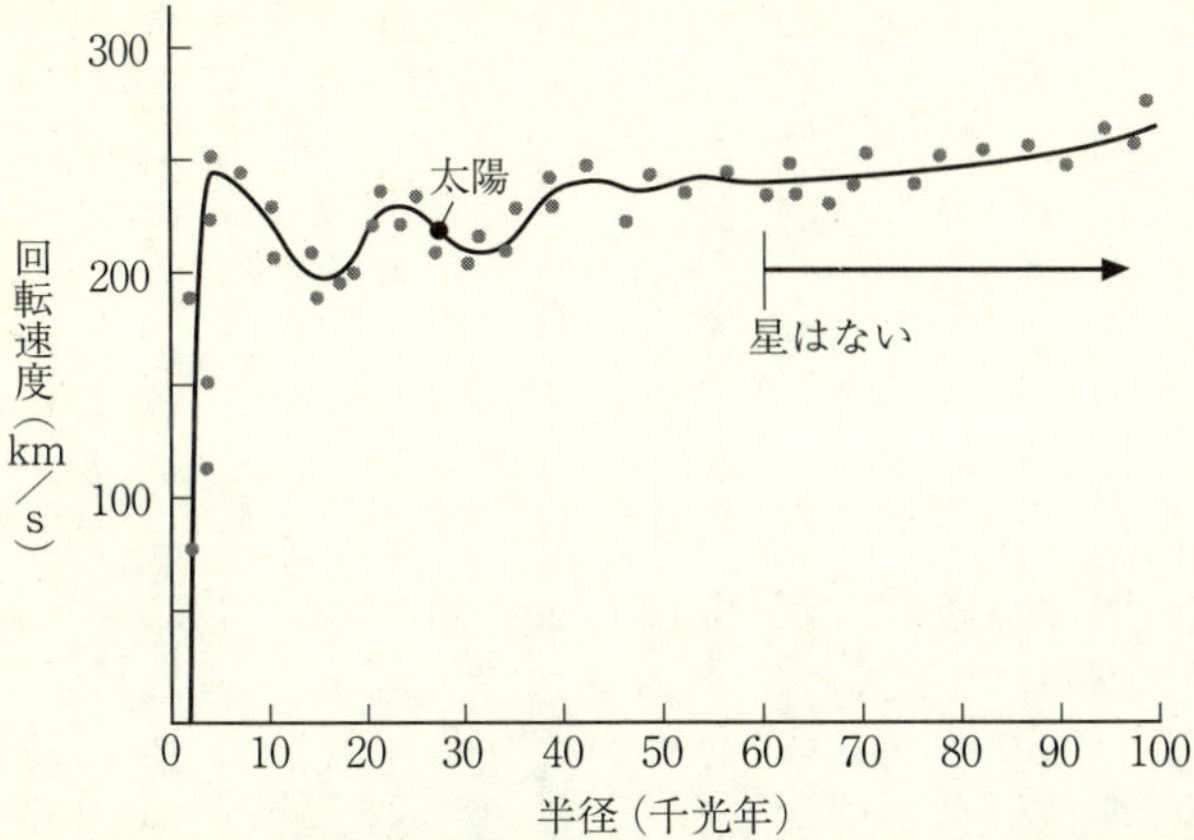

図1—11　銀河系の回転曲線　中心から離れても回転速度が遅くならないということは、そこに何かがあるという証拠。

ードで動いているという話をしました。銀河でも同じような話があって、円盤のような形をしている天の川銀河も動いているのです。もちろん、太陽系全体も動いています。私たちは太陽系の中にいますから、銀河の中心と比べてどれだけの速度で動いているのかを調べるのは難しいのですが、観測技術の発達によってはっきりした数字が出るようになりました。なんと、太陽系は銀河の中で、秒速二二〇キロメートルのスピードで動いていたのです。光の速度が秒速三〇万キロメートルですから、光速の約一四〇〇分の一の速さになります。私たちはふだん、感じることができませんが、太陽系全体がこんな速度で動いていたのです。

太陽系が秒速二二〇キロメートルというスピードで動いていても、天の川銀河から飛び出していかないのは、その分、天の川銀河の大きな重力によって引っ張られているからです。その重力はどのくらいの大きさなのでしょうか。重力のもとになっているのは重さをもっているものです。その代表は星です。星は目に見えますから、どこにどのくらい星があるかわかれば、重力の大きさがわかってきます。

ここで太陽系の例を思い出してください。天の川銀河の中心から遠くに行けば行くほど、星の速度は遅くならないといけないわけです。ところが、観測データをグラフにすると図1—11のようになります。このグラフでは、はじめは銀河の中心から離れるにつれて速度が遅くなっていくのですが、あるところから様子が変わってしまいます。速度がほとんど一定、いえ、むしろ増えているといえます。これはとてもへんてこりんな現象です。なぜなら、銀河の中心から離れるほど、星の数が少なくなり、密度も低くなっていくはずです。星が重力をつくるのだとすれば、星の密度が低くなるほど重力が小さくなり、速度も遅くならなければいけません。ですが、星の速度は遅くなるどころか速くなっている。しかも、星が見えなくなっても速度が落ちないのです。

これを説明するにはこう考えるしかありません。銀河の外縁部に向かうと、星がなくなっているように見えるが、その空間にはものがたくさん存在しているのだと。それで、銀河の外側の方に行けば行くほど、物質が増えて、重力が思ったよりも弱まらないので、銀河の外縁部には重力のもとになるようなものがたくさんあると考えられるようになったのです。

目に見えない物質

今、私がお話しした重力のもとになるものは目で見ることができません。そのようなものが銀河の中にはたくさんあるのです。そして、その目で見ることができないものは「暗黒物質」と名づけられています。目には見えなくて、正体不明の何かなので暗黒とついています。でも、重さをもって重力のもとになっているわけですから、物質だということだけはわかっています。この目に見えない暗黒物質が天の川銀河の中にたくさん存在しているので、私たちの太陽系も銀河系の中をきちんと回っているのです。もし、暗黒物質がなくなったら、太陽系はすぐにでも天の川銀河からどこか遠くに飛ばされてしまうことでしょう。

しかも、この現象は天の川銀河だけで見られることではありません。調べてみると、どの銀河にも暗黒物質はたくさんあったのです。天の川銀河の隣にあるのは二三〇万光年先に位置するアンドロメダ銀河です。アンドロメダ銀河は大きさも天の川銀河と同じくらいで、兄弟のような銀河です。もちろん、アンドロメダ銀河の中で、星やガスがどのくらいの速さで動いているのかということも、測定することができます。その結果、アンドロメダ銀河でも暗黒物質が存在して、星やガスを引き寄せていることがわかりました。

ちなみに、この二三〇万光年という距離ですが、宇宙から見て、この距離はあまり遠い距離ではありません。実は、二つの銀河はお互いの重力で引っ張りあっています。ということは、今も天の川銀河とアンドロメダ銀河は少しずつ近づいているわけです。そして、約四五億年後には天の川銀河はアンドロメダ銀河と衝突すると予測されています。

銀河の中は暗黒物質で満ちている?!

宇宙には他にも渦巻銀河はたくさんありますから、それらの銀河についても調べてみると、やはり銀河の中心から離れていっても星やガスの速度は遅くならないというデータが出てきました。銀河の中心からどんどんと離れていき、一定の距離のところまで来ると、星がなくなっていきます。そうなると、星によってできる重力の大きさは決まってしまいます。そこから先はだんだんと遅くなるはずなのです。ですが、やはり遅くならない。つまり、銀河の中心から離れていくと、目に見える星が減る代わりに、目に見えない何かがどんどん増えていくというわけです。

さらに詳しく調べてみると、星の速度がどこからきているのかがわかります。図1—12はアンドロメダ銀河の星の速度について計算したものです。銀河の中心には巨大なブラックホールがありますが、それを取り巻くように銀河ができた頃に生まれた古い星が集まって明るくなっている部分があります。その部分をバルジと呼びます。アンドロメダ銀河の中の星やガスの速度に影響を与えているのがバルジだけだったとして計算したのが、(a)の線です。この場合は、バルジ

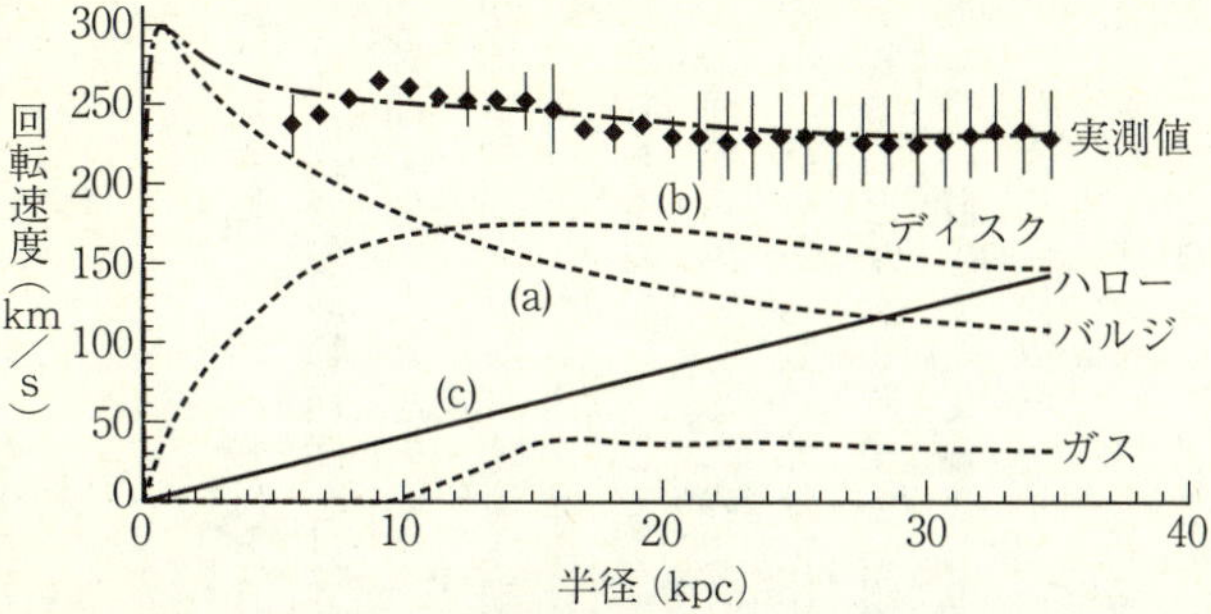

図１―12　アンドロメダ銀河の回転曲線　銀河系と同様、中心から離れても回転する速度は遅くならないことから、アンドロメダ銀河の中も暗黒物質で満たされているということになる。

から離れれば離れるほど、速度が遅くなるはずなのに、実測値はそうなっていません。

銀河にはバルジだけではなく、たくさんの星がありますそして、それらの星にも重さがあり、他の星を引っ張る原因にもなっています。その分を計算すると（b）のようになります。ですが、（a）と（b）を足してもまだ観測結果には及びません。それでは、あと何を加えればいいかと考えていくと、やはり目に見えない暗黒物質のハロー（c）しかないのではないかということになるのです。ちなみに、ハローというのは西洋の絵画で天使のうしろにある後光のことですが、銀河が暗黒物質という目に見えない後光で満ちているということを表した言葉です。今までの結果から考えていくと、暗黒物質は銀河の中心部分から離れれば離れるほどどんどん増えている。バルジと星と暗黒物質の三つを合計して、やっと観測データとあう結果が導き出せるわけです。そう考えていくと、アンドロメダ銀河の中は、ほとんど暗黒物質ということになります。

銀河が回転しているのはどうやってわかるのか

今、銀河の回転速度を見てきました。皆さんは「これはどうやって調べられるんだろう」という疑問をもったと思います。これから銀河の回転速度の測り方についてお話ししましょう。天の川銀河のような渦巻銀河は上から見るときれいな渦巻きを描いていますが、横から見ると、細い線のようにしか見えません。銀河の中の、星と星の間には水素ガスがたくさんあります。水素ガスはもちろん光を出します。しかし、温度が低い場所では光ではなく電波を出します。

銀河から出てくるこのような電波を調べてみると、図1―13のようになります。ここで、銀河の中心部分と右側の部分を比べてみましょう。中心部分に比べて、右側から来る電波は波長が少し短いことがわかります。電波の波長が短くなるということは何を示しているのでしょうか。電波を音に置き換えてみましょう。

たとえば、救急車がサイレンを鳴らして走っていたとします。救急車がこちらへ向かってくるときには、サイレンの音は高く聞こえます。また、遠ざかるときには、サイレンの音は低く聞こえます。このように、何かが近づいてきたり、遠ざかるときで、音が高くなったり低くなったりする現象をドップラー効果といいます。救急車の場合、近づいてくるときのサイレン音が高く聞こえるのは、サイレンの音の波が押し縮められ、波長が短くなるからです。

ドップラー効果は音だけではなく、電波でもあります。近づいているものから出ている電波も、こちらに届くときは、波長が短く感じられます。ですから、ここで波長がどれだけ短くなっているのかを測ると、どれだけの速さで近づいているのかがわかります。

さらに、左側を見てみると、波長が長くなっています。救急車の場合は遠ざかっていくときはサイレンの音が低く聞こえます。これは、遠ざかることで、波長が引き伸ばされて長くなっているからです。同様に電波の波長が引き伸ばされて長くなっていたら、その電波を出しているものは遠ざかって

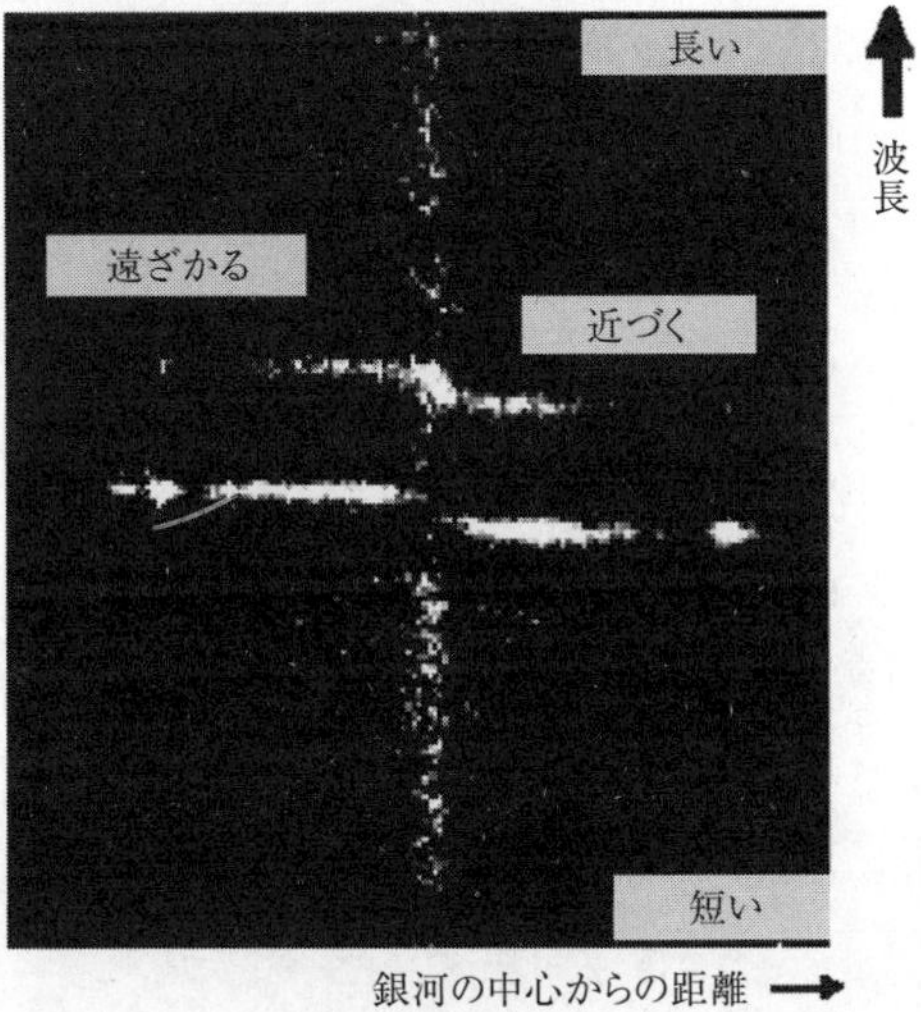

図1—13　系外銀河も回転している　ある銀河から来る電波を観測すると、銀河の左側からの波長が長くなっていることから、遠ざかっていることがわかる。つまり銀河が回転している証拠だ。(Nicole Vogt, Cornell Univ.)

いることになります。

銀河から出てくる電波の波長を測定すると、片側は近づいてきて、その反対側は遠ざかっていることがわかります。真横から見て、右側が近づいていて、左側が遠ざかるということは、この銀河は右から左に回転していることを示しています。このような手法を使うことで、行ったこともない遠くの銀河が回転しているということがわかるのです。

ここでは、天の川銀河がどれだけの速さで回転しているのかを見てきましたが、他の銀河が遠くに行った場合でも同じことがいえます。銀河が地球からどのくらい遠くにあったとしても、波長が伸びる割合や縮まる割合は変わりません。中心部に比べて、外側の方の波長がずれている。この波長のずれる割合は、中心部から離れていっても変わらないことを示しています。このように電波を使うと、遠くの銀河の回転速度、それも、どの距離だったらどのぐらい速く回っているかということをちゃんと調べられるのです。

何も見ていないのに等しい

この方法から、暗黒物質が本当に存在するかもしれないと気がついた人が、一九六〇年代にいました。アメリカの女性天文学者ヴェラ・ルービンです。電波を使って遠くの銀河を見ても、結果は天の川銀河やアンドロメダ銀河と同じでした。つまり、銀河の中心から外側を比べても速度が遅くならないのです。ですから、たくさんの銀河を見れば見るほど暗黒物質があるはずだという結論になっていきました。

　これらの観測の結果からいえることは、私たちがきれいだと思って見てきた銀河は、銀河のほんの一部分だったということです。銀河はほとんどが正体不明で目に見えない暗黒物質の塊で、その中に目に見えて光る星がちょろちょろと入っていることになります。私たちは、今まで銀河を目で見てきた気になっていましたが、実はほとんど見ていなかったことになるのです。

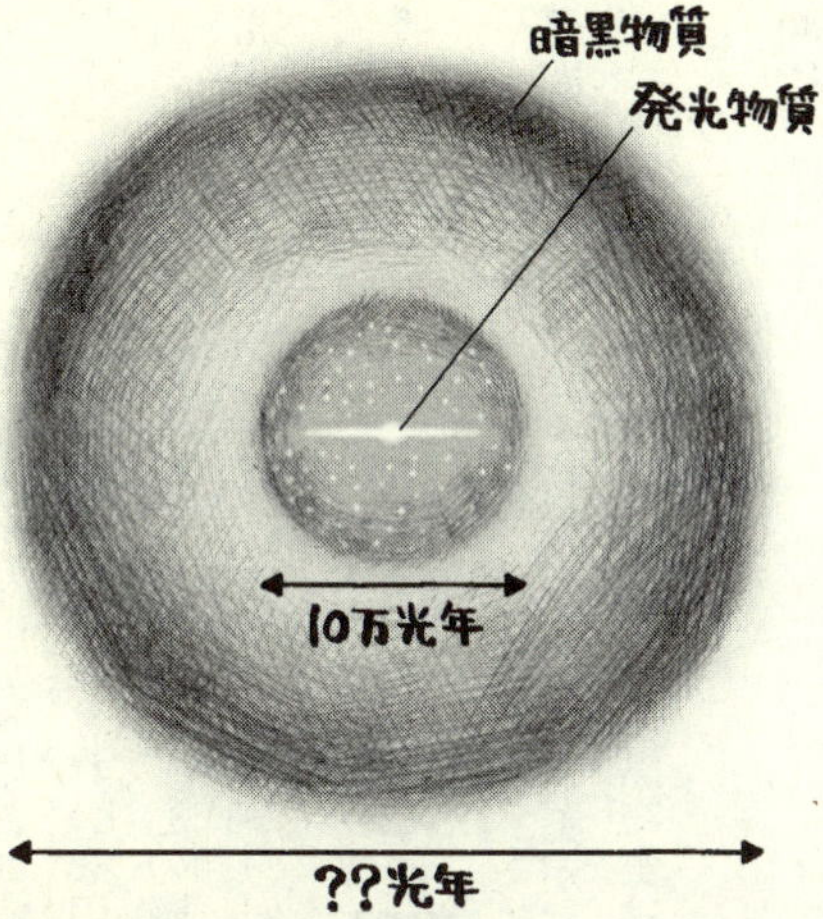

図１―14　銀河系の真の姿　円盤部の周りは暗黒物質で埋め尽くされている。

　銀河の中でも星がたくさんある部分は、もちろん見えるのでどのくらいの大きさなのかがわかります。天の川銀河では直径約一〇万光年くらいです。しかし、暗黒物質まで入れると、とたんに銀河の大きさがわからなくなってしまいます。暗黒物質は目に見えないので、どこまで、どんな形で伸びているのかがわからないからです。暗黒物質はどこまでも続いているのかもしれませんが、今のところ、はっきりと測定する方法が発見されていません。

今、私たちの目には銀河系のきれいな円盤の部分だけしか見えていません。しかし、その周りには暗黒物質がたくさんあります。その暗黒物質の重力のおかげで、円盤がきれいに渦巻状に回り続けていることができるのです（図1―14）。

質疑応答

質問：暗黒物質の「物質」という言葉が、『広辞苑』や国語辞典で言っている物質というのとはずいぶん違うように思います。暗黒物質は、見えないけれども重力をもっているように観測できるものということですよね？

村山：そうです。

質問：そうすると、暗黒物質はどうして物質といえるのか。重力をもつように観測できるものとしか理解できないんですが？

村山：それで正しいです。つまり、どんなものを物質というかというと、まず、重さがある。重さがあるものは、重力でほかのものを引っ張ります。万有引力ともいいます。太陽は重さがあるから、地球を引っ張っていますし、銀河の中心のところも重さがあって、周りのものを引っ張っています。ブラックホールも重さがあるから、引っ張っている。ですから重さがあって、周りのものを引っ張っているものは、今のところ、全部物質です。ブラックホールもものすごく大きな物質となります。また、原子一個一個も物質です。

暗黒物質もそれとまったく同じ意味で、重さがあって、周りのものを重力で引っ張ることができる。そういう意味で物質といいます。

第2章　宇宙は暗黒物質に満ちている

前章では、太陽系、天の川銀河、ほかの銀河と宇宙を広げて見ていきました。すると銀河の観測から暗黒物質があるということがわかってきました。銀河よりも広く宇宙を見ていくと、どのようなことがわかってくるのでしょうか。この章では、そのあたりをお話ししていきます。

銀河団も暗黒物質に満ちている

銀河の外をもっとよく見ていくと、銀河が集まって銀河団をつくっていました。図2―1はかみのけ座銀河団です。明るく光っている一つ一つの点が銀河です。ですから、この画像は、かなり大きな場所を見ていると思ってください。

銀河団の中でも、銀河が動いている速さを測ることができます。それをやっていくと、銀河は互いに重力で引き合っていき、銀河団をつくっていることがわかります。ですが、銀河一つ一つの速度を測ってみると、私たちが見ている銀河からの重力の影響で得られる銀河の速度が、実際には速すぎるのがわかってきました。一つ一つの銀河を、目に見える銀河の重力でしか引っ張っていないとしたら、それぞれの銀河は飛び散ってしまうことがわかってきたのです。この銀河たちが銀河団をつくるとしたら、やはり、目に見えない暗黒物質があると考えるしかないのです。

実は、暗黒物質という考え方が最初に提唱されたのは一九三三年のことです。銀河団の中の銀河の運動を観測したフリッツ・ツビッキーがそう言ったのです。暗黒物質という名前も彼がつけました。彼はかなりの異端児で、頑固者だったので、物理学者や天文学者でも彼の説をあまり信じる人がいなかったようです。しかし、彼は正しかったわけです。一つ一つの銀河の運動を見ていくことは、なかなか大変な作業ですが、最近の観測技術によってそれが可能になりました。銀河団もほとんどが暗黒物質でできていたのです。

図２—１　かみのけ座銀河団　銀河系の外には銀河が集まった銀河団が形成されている。（STScI/NASA）

図２—２はアベル二二一八銀河団です。この銀河団の画像を見ていると、ところどころで、線のようなものが見えます。この線は、実は銀河なのです。銀河は銀河なのですが、とても遠くにある銀河です。この銀河団よりさらに遠くにある銀河が、線のように見えているのです。

なぜ、このようなことが起こるのでしょうか。それは、遠くにある銀河から来る光が、暗黒物質の重力のせいで曲げられてしまって、伸ばされた結果だと考えられています。そして、

図2—2　銀河を変形する暗黒物質の力　銀河団の周りに暗黒物質があると、銀河団の向こうにある銀河が暗黒物質の重力で変形されて見える。(STScI/NASA)

このことを利用して、宇宙について新しい情報を知ることができるのです。つまり、この遠くの銀河がどういうふうに引き伸ばされて見えるかということを調べることで、暗黒物質が引っ張っている重力の大きさがわかるのです。銀河団はものすごく大きなもので、端から端まで一六〇万光年にもなります。こんなに大きなものが、ほとんど暗黒物質でできていて、その暗黒物質の重力によって遠くの銀河が変形して見えているのです。

変形の度合いから、その場所にどのくらいの大きさの重力があるのかを計算した結果が図2—3（下）です。横軸が距離で、縦軸はその地点に重力がどのくらいないといけないかという量です。実際に銀河がある場所はいのですが、銀河のない場所でも、重力、つまりものがないと光を曲げることはできないのです。ですから、この図からも銀河団の内部にも暗黒物質が存在しないといけないという結果が導かれます。さらに、これを使うと目に見えないはずの暗黒物質の地図をつくることができるのです。

重力レンズについて

この銀河が引き伸ばされたように見える現象のことを重力レンズ効果といいます。星でも銀河

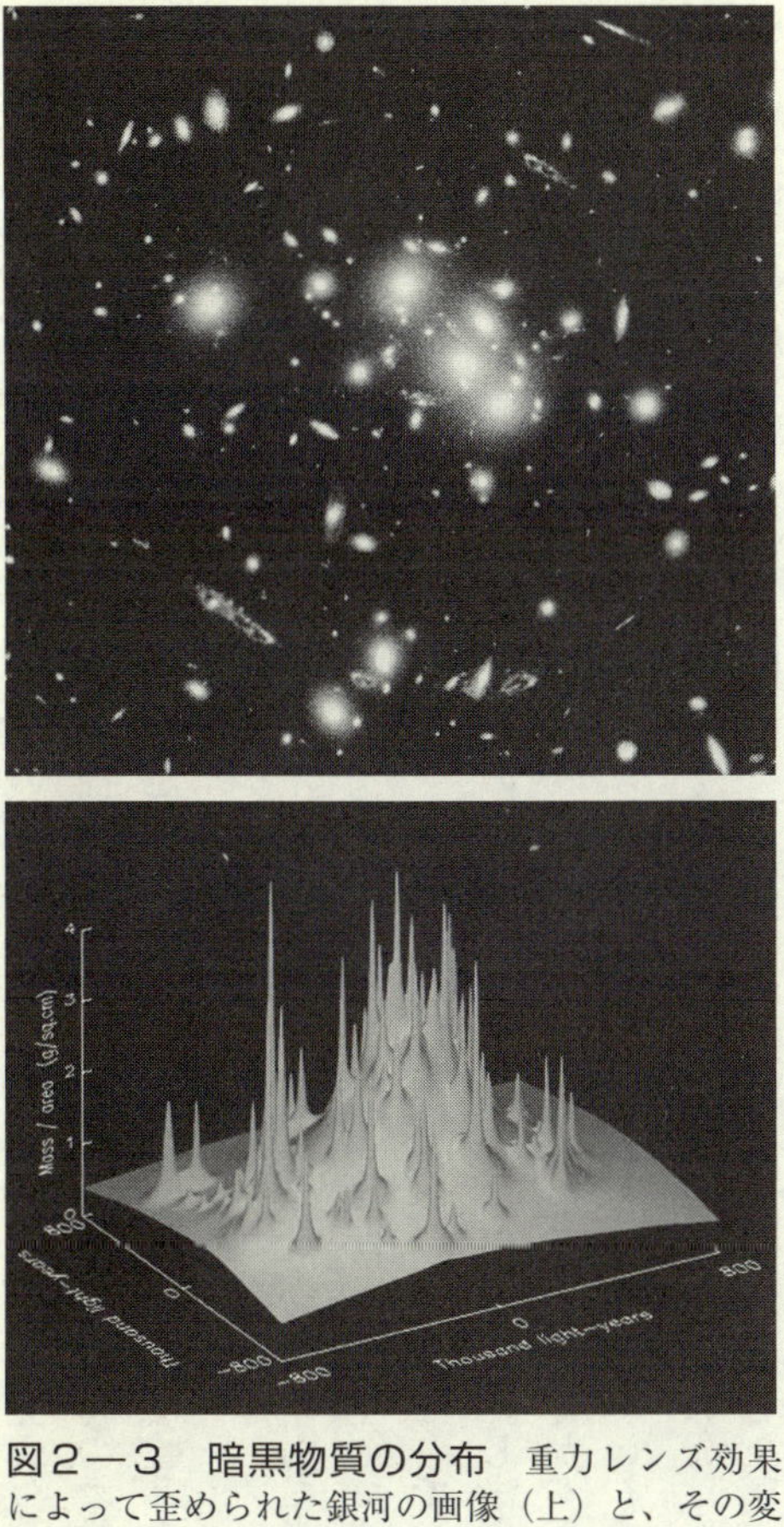

図2—3　暗黒物質の分布　重力レンズ効果によって歪められた銀河の画像（上）と、その変形の度合いから暗黒物質の分布が計算できる（下）。(STScI/NASA, LSST)

でもいいのですが、強い重力をもったものがあるとすると、遠くから来た光が、そのものの近くを通ろうとすると、重力に引っ張られて曲がってしまうのです。確か、中学の教科書に「真空では光は直進する」と書いてあったような記憶があるのですが、あれは大きな嘘となるわけです。重力が引っ張ると真空中でも光は曲がってしまうのです。

この重力レンズ効果は、アインシュタインが予言したものです。太陽の重力で光が曲げられるから、太陽の方向にある星を見ると、本当の位置からずれるはずだと言ったのです。でも、普通は、太陽の方向の星は見えないですよね。太陽の光が邪魔になってしまって。でも、エディントンという人は皆既日食のときに観測したのです。日食は太陽が月で隠されてしまう現象なので、太陽の方向にある星も見えてきます。それで、場所を正確に測定すると、星が本来ある位置よりもずれて見える。本来は太陽より遠くにあるはずなのに、近くに見えるわけです。

光は重力に引っ張られて曲がります。そのために、遠くにある銀河や星の光は変形して地球に届くようになるのです。今はこの重力レンズ効果が正確に測定することができるようになったので、暗黒物質の地図もつくられるようになりました。

活躍するすばる望遠鏡

さて、銀河団の話に戻ります。先ほどは、銀河団の中心付近だけを見ました。最近は、銀河団のすそ野の方まで調べられています。先ほどの銀河団は端から端まで一六〇万光年でした。今度はさらに距離を延ばして二〇〇〇万光年にまで広げてみます。このくらい距離を延ばしても、銀河団は暗黒物質だらけであることが観測結果からわかっています。

暗黒物質自身は見えないのですが、等高線のようなものを描くこともできるようになってきました。重力レンズの観測から、それぞれの場所にあると思われる暗黒物質の量が計算できるので、量が同じ場所を線で結んでいくと、山の高さを示す等高線のように、暗黒物質の量を示す線が描けるのです。

図２―４は重力レンズ効果の概念図ですが、重力レンズの観測ができるのは、ものすごく精巧な鏡をつくることができるようになったからです。実際にお見せできなくて残念ですが、日本のすばる望遠鏡で観測すると銀河の像が本当に歪んで見えるのです。すばる望遠鏡はハワイ島にある標高四二〇〇メートルのマウナケア山の山頂にあります。とても空気が薄く、星空を観測するのに邪魔をするものがあまりないので、すごくきれいな画像を撮ることができます。

このすばる望遠鏡は実は世界最大級の望遠鏡なのです。何が世界最大級なのかといえば、望遠鏡に使われている鏡の大きさです。一枚の鏡で直径が八・二メートルととても大きなものなのです。こんなに大きい鏡になると、重力の影響がとても大きくなります。大きいからといって、鏡の厚さを厚くしてしまうと重力の影響だけで壊れてしまいます。ですから、厚さ二〇センチメー

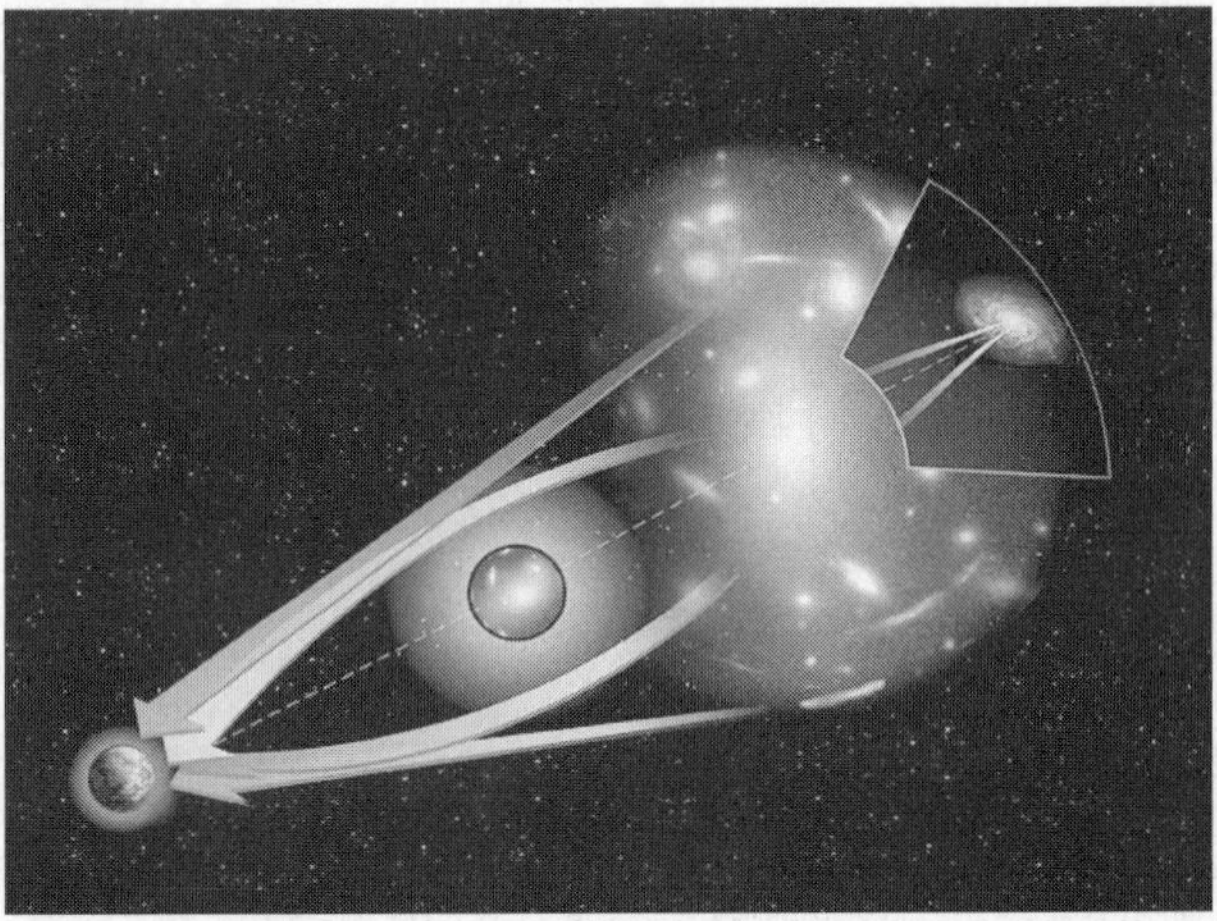

図２—４　重力レンズ効果の概念図　暗黒物質の重力によって遠くの銀河の形を変えてしまう。(STScI/NASA)

トルととても薄くなっています。直径八・二メートルに対して厚さ二〇センチメートルですから、比較してみるとものすごく薄っぺらいということがわかると思います。

この鏡はただ大きくて薄いというだけではなく、表面がとても滑らかになっています。人間の目からは平らにしか見えない細かい凹凸がありますが、すばる望遠鏡に使われている鏡の凹凸は平均で、一四ナノメートルしかありません。これは人間の髪の毛の太さの五〇〇〇分の一という大きさです。鏡をハワイ島の大きさにしても紙一枚程度の厚さの誤差です。鏡といってもとても精密なものなのです。

この精密な鏡はただ望遠鏡に取りつけただけではきれいな画像は撮れません。普段、私たちはあまり感じることができませんが、地球は自転と公転をしています。とくに自転は、赤道付近で時速一七〇〇キロメートルのスピードです。このスピードで回っていますから、鏡を一点に置いていただけではどんどんずれてしまいます。しかも、銀河のような遠くにある天体を見ようと思ったら何時間も露出をかけて写真を撮らないといけないので、その時間、銀河が画面から動かないように追尾しないといけません。

追尾するには鏡を傾ける必要がありますが、これも何も考えずに傾けていくと像が歪みます。すばる望遠鏡では、鏡の裏で二六一本のアクチュエーターというピストンのようなものが支えていて、鏡を動かすと、そのアクチュエーターが自動的に動いて、どの方向に向いても常に表面を平らに保ち、きれいな像を結ぶようにしています。そのような精密な望遠鏡でないと、重力レンズ効果の歪みはとらえることができません。

この暗黒物質地図づくりではっきりしたことは、宇宙にある物質の八割以上は、原子ではないということです。何かはわからないけど、原子とは違うものなのです。

銀河団の中での暗黒物質の形は、完全な球状ではありません。重力レンズ効果によって数十個の銀河団を調べてみると、どの銀河団でもフットボール形をしていました。そして、銀河団の中心部分から離れていくと、暗黒物質の量は減っていくのですが、なくなることはありません。数百万光年も離れていってもまだありました。観測データを見る限りでは、銀河団もそのほとんどを暗黒物質が占めていたのです。

銀河団同士の衝突現場

最近の観測の中で、とてもドラマチックだったものがありました。図2―5は地球から約四〇億光年彼方にある銀河団です。この写真で、真ん中にある少し濃い目の白い二つの部分は、実はエックス線で撮影した高温のガスです。エックス線を使うと、熱くなったガスを見ることができます。このガスは普通の原子です。一方、その外側にやや薄目の白い部分がありますが、これは暗黒物質なのです。これはさっきと同じ重力レンズ効果によって描き出されたものです。この銀河団のさらに向こうにある銀河の形が歪んで見えるという現象を利用して、どこにどれだけの暗黒物質があるかを割り出して画像化しています。

注目すべきなのが、普通のガス（原子）があるところと、暗黒物質があるところがずれていることです。これはすごく奇妙な現象なのです。なぜこんなことが起きたのか。調べてみると、二つの銀河団が衝突した現場だったことがわかりました。この現場では、二つの銀河団が秒速四五〇〇キロメートルというスピードでぶつかっていたのです。光の速さが秒速三〇万キロメートルですから、光速の一・五パーセントのスピードになります。

そのときの様子をコンピュータでシミュレーションしてみました。銀河団はほとんどが暗黒物

図2―5　暗黒物質を視覚化する　銀河団同士が衝突しても暗黒物質は形を変えずにすり抜けてしまう。一方、ガスは衝突によってスピードが落ち形を変える。（NASA）

質でできていて、中にちょっとガスや星があるのですが、その銀河団同士が衝突するとガスは普通の物質ですから、しっかりと反応して、高温になり摩擦が起きます。しかし、暗黒物質は周りのものと反応しませんから、何もなかったかのように通り抜けてしまいます。ガスは摩擦のためスピードが遅くなり、暗黒物質は摩擦がないので、ずれてしまうのです。

ただ、普通のガスと暗黒物質はこのまま離れ離れになってしまうわけではありません。暗黒物質は重力がとても大きいので、普通のガスはその重力に引っ張られて後からついていくことになります。

このシミュレーションから、銀河団は暗黒物質の塊の中に、普通のガスや星がちょっと入っているだけだ、ということを教えてくれます。しかし、それだけではなく、暗黒物質は他の物質と反応しない、お化けのような粒子であるということも示しています。ですから、暗黒物質は、私たちが知っている普通の粒子ではないということが、この写真からもわかってくるわけです。

図2—6　銀河団を取り巻く暗黒物質　(NASA, ESA, M.J.Jee and H.Ford et al. (Johns Hopkins Univ.))

また、別の例では、図2—6のようなものもあります。これは二〇〇八年に観測された銀河団の写真ですが、暗黒物質の分布を見てみると、ちょうどリングのようになっています（グレーの部分）。これは、ちょうど池にポチャンと石を投げると波紋が広がっていくのと同じようなものだと考えられています。これは偶然なのですが、この写真も銀河団同士が衝突した後を撮影したものです。しかも、この衝突は、私たちの見ている向きに二つの銀河団が衝突したものです。つまり、池に落とす石を真上から見ているような感じになります。落としたときの衝撃が暗黒物質に伝わって、波のように丸く広がっているように見えるということです。銀河団は、どの場所もほとんど暗黒物質で占められています。暗黒物質同士は衝突しませんが、重力で引っ張り合って、波を打つのではないかと考えられています。

質疑応答

質問：暗黒物質が分布している写真はどのようにつくっているんですか。観測じゃないんですか？

村山：観測です。銀河団がこの地点で見えているときに撮影したものです。

質問：暗黒物質の分布はどうやってわかるのですか？

村山：重力レンズ効果を使って、その場所に必要な暗黒物質の量を計算しています。

質問：それを合成しているのですか？

村山：その等高線を濃淡で区別してあります。とても遠くにある銀河が小さい点でなく形が見えるくらい倍率の高い精密な望遠鏡がつくられるようになったので、重力レンズ効果による銀河の歪みがわかるようになりました。この歪みの程度を調べることで、目に見えない暗黒物質がこの場所にこれだけないといけないということがわかるのです。

質問：天の川銀河があって、その周りに、だいたい丸く暗黒物質があるということをおっしゃったんですけれども、銀河団の周りにも暗黒物質が丸く集まっているのですか?
村山：そうです。やっぱり丸く暗黒物質がたまっていて、この中に銀河がちょっとあるという感じです。
質問：それと、銀河団同士が衝突したときに、普通のガスは暗黒物質から遅れてしまいましたが、まただんだんと引っ張られて、暗黒物質の中心部分に来るのでしょうか?
村山：いずれ追いつくでしょうね。実はあのシミュレーションの続きがあります。衝突前に銀河団が寄ってきて、衝突すると普通のガスは反応して熱くなり、遅れてしまいます。そして、暗黒物質はどんどん先に行ってしまう。
さらに、ここから時間を進めると、遅れていたガスがだんだんと暗黒物質の中に吸い込まれていきます。重力がすごく強いので、いったん、スピードが遅くなったガスなども、暗黒物質の中に引きずり込まれていくのです。
質問：暗黒物質は銀河系全部に存在するということですが、極端な話、ここ（私たちの周り）にもあるんですか?
村山：ええ、あります。もちろん、一個一個の重さがどれくらいなのかもまだわかっていないので、私たちの周りにどのくらいの頻度で来ているのかということはわかっていませんが、存在はしています。先ほども言ったように、暗黒物質は私たちの体をスーッとすり抜けるものですから、今、この瞬間もすり抜けているはずです。

質問：太陽の中で核融合が起こっているのは、ニュートリノで確認されたっていうお話についてですが、光のスペクトルで線が欠けている部分や強調されている部分を調べることによって、中にどんな物質があるかわかるというお話がありましたが、そういう方法で宇宙空間に広がっている物質を検出しているのでしたら、地球上にある物質で、分光スペクトルで探知できるものだけしか検知できないのではないでしょうか？

村山：実は、スペクトル解析から、地球上で知られていなかった物質が見つかったという例があります。現在、ヘリウムは有名な元素ですが、これはもともと地球では見つかっていなかったのです。太陽から来る光をよく観察してみると、地球で見つかっていない新しい元素があることがわかったんです。そして、地球の大気をよく調べてみると、地球にも同じものがありました。それがヘリウムです。ヘリウムのヘリは、ギリシャ語の太陽という意味だそうです。太陽にあった元素ということですね。

もし星を観測して、今まで見たことのない線があったら、新しい元素があるということになるわけですが、そういうものは、今のところ見つかっていません。

質問：地球上にある物質は、この宇宙空間で、超新星爆発を繰り返していろいろな元素がつくられることで、今の地球上の物質や私たちの知っている物質があるわけですか？

村山：はい、そうです。

質問：暗黒物質は地球上で私たちが知っている物質とは違うものということですか？

村山：暗黒物質が普通の元素であるとすると、例えば、銀河団同士が衝突したときに、普通の元素は反応しますので、暗黒物質がある部分だって見えるはずです。ですが、そうではなく、そのまますり抜けたということは、普通の元素ではないということなのです。

質問：暗黒物質の分布は、なんとなく球に見えるのですが、円盤形とかにはならないのですか？

村山：実は、重力で引き合って、円盤の形を保つというのは難しいことなのです。ちょっと円盤の形を崩してしまうと、潰れてしまい、バラバラになるからです。銀河で円盤がグルグル回っていられるのは、暗黒物質が球状に分布していて、全体的に球形になっているからなのです。球形になっていると、その中に円盤を入れておいても、そのまま回っていられますが、暗黒物質を扁平に潰してしまうと、すぐに壊れてしまいます。

第3章　宇宙の大規模構造

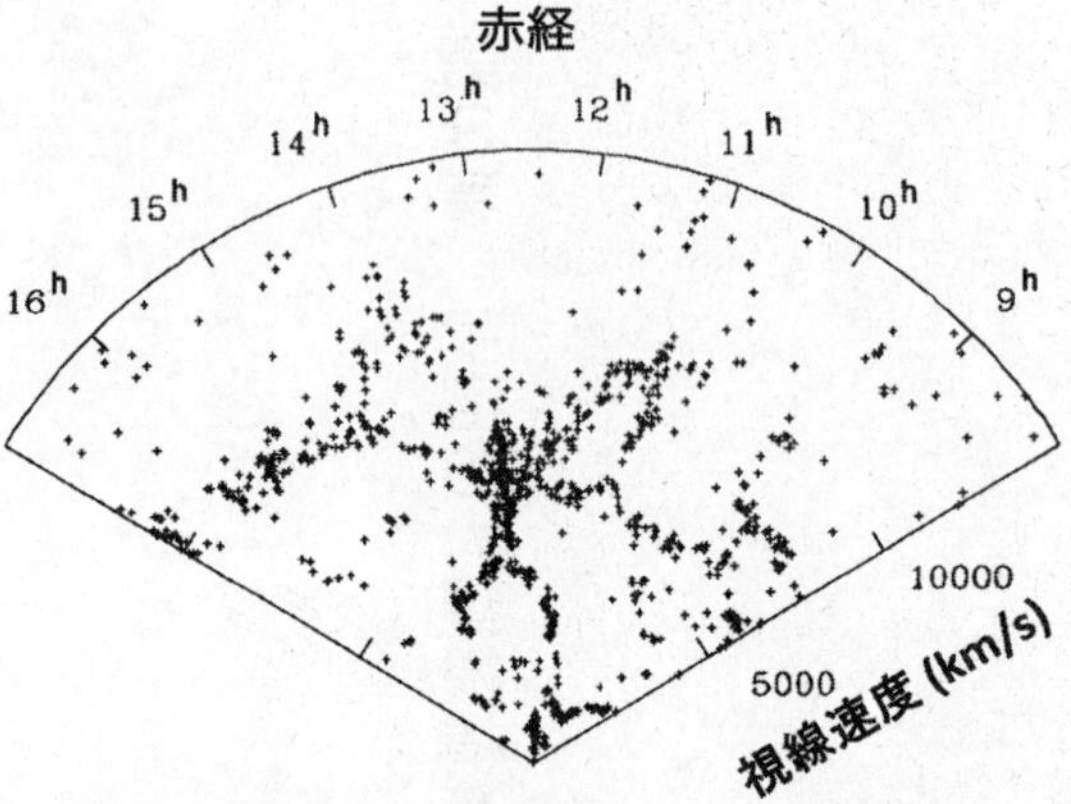

図3—1　宇宙の大規模構造　宇宙は線のようなフィラメント構造と空洞になったボイドからできている。(CfA)

銀河や銀河団の観測からその存在が明らかになってきた暗黒物質。宇宙をもっと遠くまで調べていくと、暗黒物質が宇宙の誕生にも関わってくることがわかってきました。この章では、現在の宇宙の姿から、宇宙の誕生の様子を考えていきます。

宇宙の中の濃淡

銀河団が集まることで、宇宙の大規模構造がつくられていきます。今度は銀河団よりももっと広い範囲で、端から端まで六・六億光年になります。ここまで来ると、銀河は一つ一つの点になってしまいます。そして、点となってしまった銀河がどういう風に並んでいるのかといえば、線のようにつながっている部分と穴があいて空洞になっている部分があります。線のようにつながっている部分はフィラメント構造といい、空洞になっている部分をボイド（泡）といいます。このような構造を宇宙の大規模構造といいます（図3—1）。

さらに、範囲を広げていき、六〇億光年くらいの範囲にすると、細かい部分でデコボコしているところもありますが、だいたい均一になります。すごく大きな目で見ると、宇宙はだいたいどこを切り取っても同じような姿をしているといえます（図3—2）。このように、どこを取っても均質で同じような性質をもっていることを宇宙原理といいます。

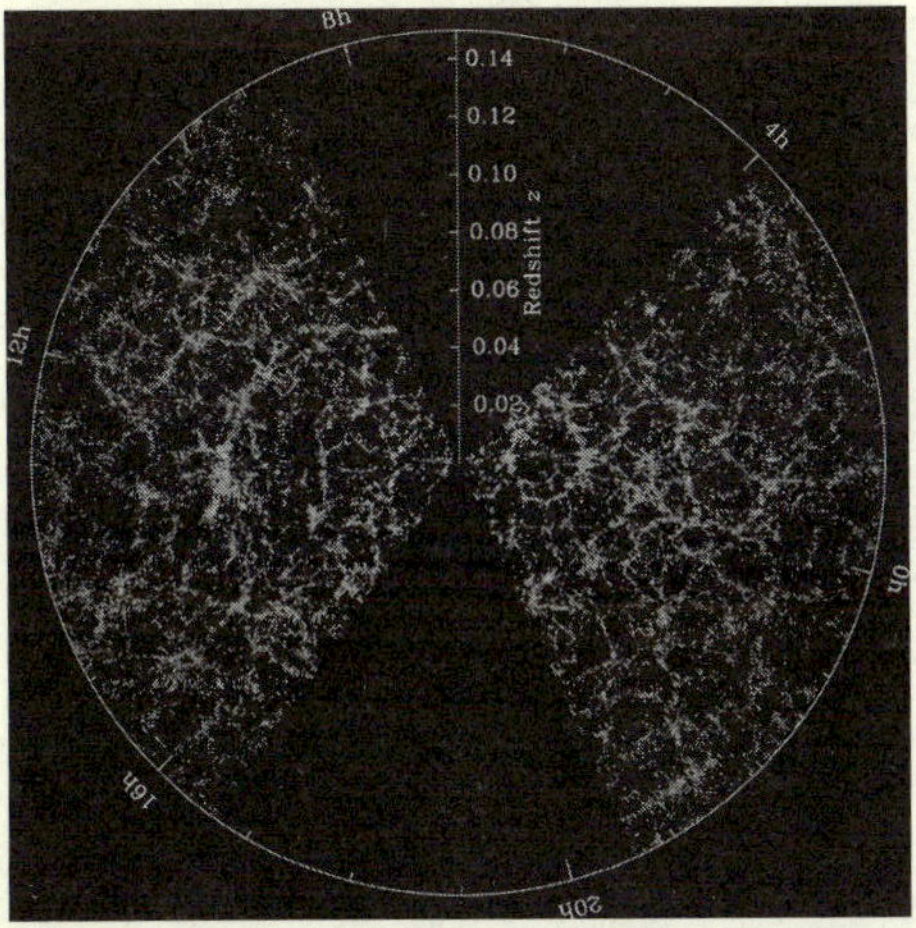

図3—2　宇宙原理　60億光年ぐらいの範囲に広げて宇宙を眺めると、均質な様相を示す。(SDSS)

均質な宇宙も、細かく見ると、フィラメントとボイドという構造をもっています。こういった構造はどうしてできたのでしょうか。コンピュータシミュレーションで計算してみると、おもしろいことがわかりました。シミュレーションですので、暗黒物質がある宇宙とない宇宙をつくってみて、比べることができます。暗黒物質がある場

図3—3　宇宙進化のシミュレーション　暗黒物質がない（左）と現在のような宇宙（右）は存在しなかっただろう。（吉田直紀/IPMU）

合は、暗黒物質が重力で引き合い、集まってくるので、だんだんと濃度の差、つまり濃淡ができてきます（図3—3右）。暗黒物質がたくさん集まった場所は重力が強いですから、そこに普通の原子でできた物質が引きずり込まれ、銀河ができて、大規模構造もできてきます。しかし、暗黒物質がない場合は、暗黒物質の濃淡もできずに、どこまで行っても同じで区別のない宇宙が続きます（図左）。もちろん、星や銀河もできません。

つまり、暗黒物質がないと、星や銀河ができず、私たちも生まれないということになります。ですから、宇宙にどうして私たちがいるのだろうかという疑問の答えは、実は暗黒物質が握っているのです。

今、私が示したデータはコンピュータによるシミュレーションです。シミュレーションは一歩間違えばおとぎ話のような空想の世界を語ることになってしまいます。ところが、ここ数年、コンピュータの性能やソフトウエアの技術、そして理論的な理解が格段に上がってきて、シミュレーションの信頼性がとても高くなりました。コンピュータで宇宙の誕生から現在までをシミュレーションして、ほぼ現在の姿を再現するところまでできるようになったのです。信頼性の高いシミュレーション結果は、観測することができない事柄について、それがどのように起こったのかを考える手立てを与えてくれます。

現在の研究結果を総動員した結果、暗黒物質がなければ、銀河や星や地球、そして私たち人間も生まれることがなかったということがわかってきたといえるのです。宇宙には約一〇〇〇億個の銀河がありますが、そのどれもが暗黒物質のおかげで誕生したということになります。

ビッグバンの残り火

今、私たちは地球からどんどん離れて、遠くの宇宙を見てきました。遠くの宇宙を見ることは、宇宙の昔の姿を見ることと同じなのです。宇宙の大きさは光年という単位で表していました。一光年は光が一年かかってやっと届く距離です。一光年先にある天体から届く光は一年前の宇宙の光なのです。地球から一〇億光年先の銀河を見るということは、一〇億年前に銀河が発した光、つまり、一〇億年前の宇宙の状況を知ることになるのです。そうやって遠くの宇宙を見ていくと何が見えるのでしょうか。実は、ビッグバンが起きた時に発生した光を見ることができるのです。しかも、この光は観測することができました。

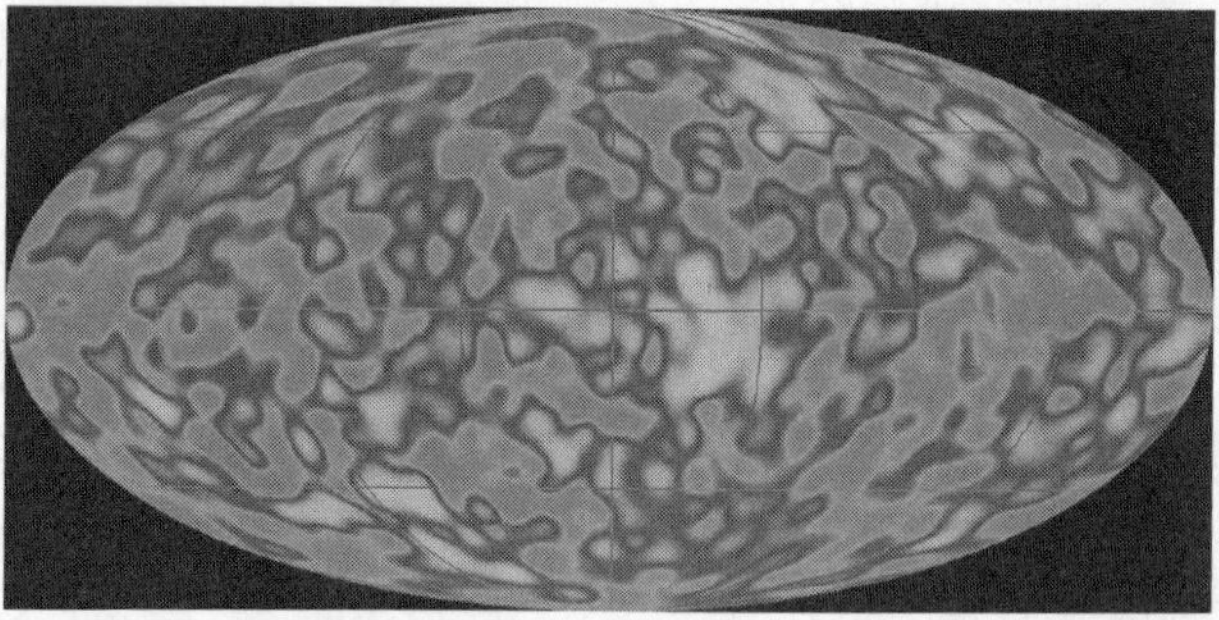

図3―4　宇宙背景放射　宇宙はほぼ一様に絶対温度で2.75Kある。これはビッグバンが起こったという証拠となった。(NASA)

　このビッグバンが起こった時の光を詳しく調べることで二〇〇六年にノーベル物理学賞を受賞したのが、NASAの天体物理学者ジョン・マザー博士とカリフォルニア大学バークレー校のジョージ・スムート博士です。ビッグバンがあったのは今から一三七億年前だと考えられています。ビッグバンが起きた時は、私たちの目で見ることのできる光がたくさん出ましたが、一三七億年の間に宇宙は膨張を続け、大きくなりました。そうすると、宇宙の中にある光の波も引っ張られて伸びてしまいます。その結果、ビッグバンの光は目には見えない電波になってしまったのです。その電波をCOBE《コービー》という探査機で精密に測定したのが、先ほどの二人だったのです。その測定結果が図3―4です。

　ものでもエネルギーでも、温度があるものは光を出します。つまり、この観測結果は、宇宙全体に温度をもっているものが広がっているという証拠になります。宇宙には温度があり、今の宇宙の温度は絶対温度で二・七五Kとなります。これを私たちが普段使っている温度に直すと、マイナス二七〇・四度Cになります。この絶対温度二・七五Kで広がっているビッグバンの名残の電波のことを宇宙背景放射といいます。

図3－4をよく見てもらえればわかりますが、宇宙背景放射は均一ではありません。少しまだらの模様がついているように見えます。これは宇宙の温度に少しゆらぎがあることを示していま す。このゆらぎは本当に小さいもので、一〇〇メートルの深さの海に、一ミリメートルほどの砂がかかっているという程度なのです。しかし、このゆらぎが、暗黒物質の濃淡を生み出す原因だとされています。

ジョン・マザー博士とジョージ・スムート博士の二人は、宇宙背景放射を精密に調べて宇宙の初期にビッグバンが起こった証拠をつかみました。その功績にノーベル賞が贈られたのです。

宇宙は膨張している

宇宙背景放射の観測によってわかったことはそれだけではありません。ビッグバンが起きた時は、この宇宙背景放射は人間の目でも見える光でした。それが、一三七億年経過して、電波になっているということは、それだけ波長が引き伸ばされたことを意味しています。この事実から、宇宙は膨張していることがわかります。

宇宙が膨張していると、宇宙全体の温度はだんだんと下がって、冷たくなってきます。現在、大きくて冷たいということは、過去にさかのぼれば、昔の宇宙は小さくて熱かったということになります。その熱いときに出てきた光の名残が宇宙背景放射です。この宇宙背景放射は、いわば宇宙が三八万歳のときのスナップショットのようなものなのです。なぜ、三八万歳のときかというと、このとき、宇宙の中を光がまっすぐ進めるようになったからです。

三八万歳より前の若い宇宙は熱かった。どのぐらい熱かったかというと、原子が一緒にいられなくて、電子と原子核がバラバラになってしまうほど熱かったのです。しかも、密度が濃い。宇宙自体も小さかったので、宇宙に存在するたくさんのものが凝縮されていました。電子に邪魔されてしまうため、光はまっすぐ進むことができずに、狭い範囲に閉じ込められたような状態になっていました。

ところがビッグバンの後、宇宙が膨張していったため、三八万年より後になると、電子と原子核がくっついて光が邪魔されずまっすぐ進めるようになりました。それが宇宙の晴れあがりといわれる現象です。ですから、三八万年の時に来た光を今、私たちは見ることができます。その昔の熱い若い宇宙をはっきりと。ただ、私たちが望遠鏡で見ることができるのは生まれてから三八万年後の宇宙までなのです。それより前は光がまっすぐ進めないので、それ以上先は見えないのです。もっと若い時の宇宙の様子を知りたいと思ったら、他の観測方法を見つけるしかないのです。

宇宙の内訳

若い頃の宇宙がなぜ、大事なのでしょうか。その頃の宇宙の様子を私の同僚の杉山直氏は宇宙交響曲と表現しています。なぜかといえば、宇宙の初期は音に溢《あふ》れていたからです。

ビッグバンが起きた後は、暗黒物質や光がたくさんありました。暗黒物質は大きな重力でお互いを引っ張りますから、密度が濃いところをもっと濃くしようとします。一方、光にも少しだけ圧力があります。圧力があるということは、集まってくるものを押し返す力があるわけです。

暗黒物質が引っ張り、光が押すとなると、引っ張られて押されてと、振動することになります。物質の振動とは、言い換えると「音」と同じです。私たちの耳に聞こえる音も、物質が振動して発生します。それが空気を振動させて私たちの耳に入ります。それと同じように、ビッグバン直後の宇宙も物質が振動して、音に満ちていたことになります。たくさんの物質が振動して、いろいろな音色が交ざりあう。ですから、交響曲というわけです。もっとも宇宙の初期の頃の音というのは私たちが聞く音とは少し違っていて、光などのゆらぎを指しています。先ほど、宇宙背景放射にゆらぎがあったとお話ししましたが、このゆらぎこそが宇宙の交響曲なのです。

交響曲は、物理学者にとってはとてもありがたいものです。音の伝わり方は、伝えるもの、つまり媒質によって変わります。空気は薄いですから、秒速三四〇メートルくらいと比較的ゆっくりと伝わります。ところが、机や金属といった固いものだと速く伝わります。

音の伝わり方は、何で伝わるかによりますから、宇宙の初期の頃も、音がどのように伝わっていったのかを調べれば、そのとき、音を伝えていたものがどういうものだったのかがわかります。宇宙背景放射の場合も、ゆらぎを調べていくとこのゆらぎを伝えたものが何かがわかるのです。その結果、この宇宙の九割以上が暗黒物質や暗黒エネルギーだったという結論に行きつきました。宇宙背景放射のゆらぎからこれだけのことがわかるのですから、物理学者にとってはとてもありがたい存在なのです。

このように、宇宙背景放射の様子を詳細に調べていったのがアメリカが打ち上げた人工衛星W《ダブル》MAP《マップ》です。現在は、ヨーロッパのプランクという衛星が、より詳細に調べようとしています。宇宙背景放射という、いわばビッグバンの残り火をきちんと分析すると、宇宙を構成するものの内訳がわかるしくみになっています。それが、最初にお話しした、原子四・四パーセント、暗黒物質約二三パーセント、暗黒エネルギー約七三パーセントというものです。

暗黒物質と宇宙の始まり

宇宙背景放射は、誕生から三八万年後、つまり三八万歳の時の宇宙から出てきた光です。私たちはそこまで宇宙の歴史をさかのぼれるわけです。ですが、私たちはもっと昔にさかのぼって、宇宙の始まりを調べたいと、当然思うわけです。

現在、実験などでは確かめられていませんが、宇宙が誕生して一〇の三四乗分の一（10^{-34}）秒後にビッグバンが起こり、三分間にヘリウム等の原子核ができてきたと考えられています。このあたりまでは、だいたいこうだったのではないかときちんと推定できるところまでは来ました。暗黒物質も、このくらいの時代にできたのだろうといわれていますが、今のところ、それを直接的に証明する手立てはありません。

そこで考えられたのは加速器を使った実験です。とても大きなエネルギーを与えられる加速器で小さな粒子を加速させてぶつけると、ほんの一瞬ですが、宇宙の初期の頃と同じ状態がつくれるのではないかと期待されています。そこでもし、暗黒物質が観測されれば、今まで謎に包まれていたものの正体もわかってくると思います。次の章では、暗黒物質探しの現状を追っていきましょう。

質疑応答

質問：現在、どのくらい遠くの宇宙まで見えているのですか？

村山：三〇〇億光年先の銀河までは見えています。このくらい離れてしまうととてもかすかな光なのですが、とらえられています。しかし、三五〇億光年より先は星も銀河もなく、暗黒時代といわれています。

質問：宇宙の年齢というのは一三七億年なので、宇宙が光の速さで広がったとすると、差し渡し三〇〇億光年は越えないのではないのでしょうか。なぜ、三〇〇億光年先の銀河が見えるのですか？

村山：宇宙ができたのは一三七億年前なので、一三七億年前に光が出て私たちの方に向かってきたとします。その光を私たちが見たときに、その光を出した光源そのものはその場にとどまってはいなくて、どんどん遠くに行っているわけです。ですので、光源がその場にずっといてくれれば一三七億光年より先の宇宙はないのですが、光源が離れていっていますので、一三七億光年より先の宇宙があるのです。

コラム――万物をつくる素粒子

宇宙の話を突き詰めていくと、宇宙は何でできているのかという話にいきあたります。物質の研究は、宇宙の研究とは別に発展してきました。私たちの目に見える物質は原子でできています。原子（アトム）という名前は、古代ギリシャ時代に考えられていた、これ以上分割することのできない粒子を意味する言葉から生まれたものですが、その後の研究により、原子はさらに小さな粒子に分割できることがわかってきました。

現在では、物質はクォーク、電子、ニュートリノなどからつくられていることが明らかになり、それらの粒子を素粒子と呼んでいます。クォークははじめに発見されたのは二種類だけでした。ところが研究が進むにつれて数が増えていき、現在では六種類が確認されています。また、電子とニュートリノについても似た素粒子が二種類ずつ、計六種類あることがわかりました。

力の源も素粒子

さらに素粒子は物質だけでなく力もつくりだしていました。世の中にはたくさんの力が働いているように見えますが、この宇宙に働く力を分類していくと、重力、電磁気力、強い力、弱い力の四つに分けることができます。重力と電磁気力は日常的にも耳にするのでどのような力なのか想像することが簡単だと思います。でも、強い力と弱い力が何なのかわからないのではないでしょうか。この二つの力は正確には、強い核力、弱い核力といいます。原子核よりも小さな距離でしか働かない力なので、私たちが日常的に経験することはできませんが、この二つの力は原子をつくったり、崩壊させたりするのに重要な役割をしています。

力と素粒子は一見、何の関係もないように思えますが、実は深い関係があります。力は二つの物質の間に働く相互作用です。物質と物質の間にどのように力が働いているのかを調べたところ、力の働いている物質の間で、素粒子のキャッチボールがされていたのです。このときにキャッチボールされる素粒子はボソンと呼ばれ、クォークや電子などの物質をつくる素粒子と別のグループに分けられています。ちなみに、物質をつくる素粒子のグループはフェルミオンと呼ばれています。

宇宙の謎を解くカギを握る未発見素粒子

電磁気力は光子、強い力はグルーオン、弱い力はウィークボソンと、それぞれの力が働くときにやり取りされているボソンも次々に発見されてきました。しかし、唯一、重力を伝える粒子だけが未だに発見されていません。四つの力の中で三つまでもが、粒子によって力の伝達がされているのに、重力だけがそうなってはいないと考えるのは不自然です。やはり重力を伝える粒子があるはずです。物理学者はこの粒子を重力子（グラビトン）と名づけていて、あるだろうと予測しています。

また、素粒子にはフェルミオン、ボソンの他にもう一つのグループがあります。それがすべての素粒子に質量をもたせる役割のヒッグス粒子です。現在の素粒子理論ではすべての素粒子の質量はゼロという前提があります。ですが、クォークや電子は素粒子であるにもかかわらず質量をもっていることが実験からわかっています。実験結果との間に矛盾が生じてしまっては、素粒子理論そのものが成り立たなくなってしまいますので、物理学者はヒッグス粒子というものを登場させました。

質量が大きければ素粒子は空間の中を動きにくくなるわけですので、質量は素粒子の動かしにくさであると言い換えることができます。そう考えると、空間に素粒子を動かしにくくする特別な粒子が充満していて、その粒子が素粒子の動きを邪魔すれば、素粒子は光速で飛ぶことができなくなり、質量ゼロの素粒子が質量をもっているように見えます。この空間に充満しているであろう粒子がヒッグス粒子です。

ヒッグス粒子はまだ発見されていませんが、重力子と同様に、素粒子理論上はないとおかしい粒子です。これらの粒子は現在、世界中の物理学者が実験などを通して探しています。もし、重力子やヒッグス粒子がないということになると、素粒子理論を書き替えることになりますが、影響はそれだけではありません。宇宙の枠組みも変わってしまうほど大きな事件となるのです。

第４章　暗黒物質の正体を探る

暗黒物質という名前をつけてしまうと、暗黒物質というものがあるという錯覚を起こしがちです。暗黒物質はその中身がわからないので、しかたなく呼んでいる仮の名前です。この章では世界中の研究者が取り組んでいる暗黒物質探しについてお話しします。

暗黒物質の候補

暗黒物質の正体は、まだわかっていません。世界中の研究者が、一生懸命、「これかな、あれかな」と考えていっても、これでもない、あれでもないというのが現状です。暗黒物質が何なのかということはわかっていませんが、暗黒物質候補として挙げられて、そうではなかったものはいくつか出てきています。

暗黒物質は、私たちの知っている原子や素粒子ではないことは、すでにお話しした通りです。ですが、中には、暗くて見えない天体ではないかと考える人もいました。例えば、褐色矮星とかブラックホールです。これをふざけて「マッチョ」と呼んでいます。英語では、Massive Compact Halo Objectの頭文字をとったもので、「銀河のハローにある重い天体」の意味です。銀河の中には、こうした暗くて見えない天体があると思っている人たちがたくさんいました。この理論には実は検証する方法がありました。

この検証には大マゼラン星雲が使われました。この大マゼラン星雲にある星を、一〇〇万個くらい観測していると、たまにマッチョが地球と大マゼラン星雲の星の間を横切ることがあるはずです。目には見えなくとも重力の大きな星が横切ると、重力レンズ効果を起こして光を曲げて集めます。そうすると、ある時だけ一時的に明るくなるのです。そして、その星が通り過ぎると元に戻ります。そのような現象を探していきます。

そして、その現象を観測していったところ、暗い天体だけでは、必要な暗黒物質の重さになりませんでした。マッチョが太陽と同じくらいの重さだったとすると、その重量は銀河の中の一〇パーセント以下だったのです。暗い天体が暗黒物質のごく一部の役割をする場合もあるのかもしれませんが、総量が少なすぎました。ほとんどの暗黒物質は天体のようなものではないのです。

次の条件は、暗黒物質は冷たくないといけない。これは別に人情がないという意味ではありません。暗黒物質は集まって銀河をつくるという重要な役割があります。銀河という構造が宇宙につくられたのは、宇宙が約六・五億歳のときからと考えられています。

そのときに、暗黒物質が熱いとどうなるでしょう。熱い状態というのは、粒子などが飛び回ることになるので、一ヵ所に集まるのが難しいのです。一ヵ所に集まるためには粒子がゆっくり動く状態になってないといけません。このゆっくり動く状態になっていることを、物理学では冷たいと表現します。ですから、暗黒物質は冷たくなければいけないといった場合には、ゆっくりと動くような重いものという意味になります。しかも、この性質が宇宙の初期の段階から続いていることになります。

また、暗黒物質は電気をもっていてはいけません。暗黒物質は銀河団同士が衝突するときも、何もぶつからずにすり抜けてしまいます。物質は電気をもっていると他の物質と反応してしまいますから、電気もないことになっています。

次に、暗黒物質の粒子一つ一つの重さについて考えてみましょう。今現在わかっていることは、陽子一つの重さに対して一〇の三一乗分の一（10^{-31}）倍から一〇の五〇乗（10^{50}）倍までの範囲に入るということです。これは素粒子のようにものすごく軽くてもいいですし、私たちの目に見えるようなものすごく重いものでもいいのです。重さの範囲を出されると、かなり条件が狭まって、どのくらいの重さかだいたいわかっているような印象を受けますが、暗黒物質粒子の重さは最小値から最大値まで八一桁の開きがあります。一言でいってしまえば、どのくらいの重さなのかまだろくにわかっていないのです。

暗黒物質の性質でよくいわれることは、お化けのような粒子だということです。私たちが知っている粒子は他の粒子とぶつかって反応しますが、暗黒物質はほとんど反応しません。ぶつかっても反応しないのですり抜けていってしまいます。

この特徴はニュートリノによく似ています。ですので、暗黒物質の正体はニュートリノではないかと考えられていた時期もありました。宇宙の中には、ニュートリノという素粒子がたくさんあります。ニュートリノは、実は宇宙の中で一番たくさんある物質素粒子です。この宇宙には一立方メートルの空間に約三億個のニュートリノがあります。何もないような空っぽの宇宙空間へ行っても、一立方センチメートル、だいたい角砂糖の大きさの中に、三〇〇個のニュートリノがあるのです。

ニュートリノの存在が明らかになって長い間、ニュートリノには重さがないと考えられていました。ところが、小柴先生のお弟子さんにあたる戸塚洋二先生らのグループがスーパーカミオカンデを使って、ニュートリノに重さがあることを突きとめました。ニュートリノは宇宙で一番たくさんある素粒子なので、少しでも重さがあれば一つ一つの粒子が軽くても、塵も積もれば山となるで、暗黒物質分のエネルギーをカバーできるのではないかと考えられていたのです。

しかし、ニュートリノの重さは期待したものよりも小さいものでした。ニュートリノの重さは電子の一〇〇万分の一もなかったので、全部集めても宇宙全体の〇・一〜一・五パーセントくらいのエネルギーにしかなりません。これでは、二三パーセントを占める暗黒物質のエネルギー量を賄《まかな》うことはできないことがはっきりしました。

最近の観測結果から、銀河団の中での暗黒物質は、球形ではなく、少し伸びて分布していることがわかりました。しかも、長軸と短軸が二対一と大きく歪んだ楕円形で分布している場合が多いのです。このようにして暗黒物質は目に見えないのに、どこにどれだけ分布しているのかは調べられるようになってきましたが、その性質はまだわかっていません。他の物質とも自分自身ともほとんど反応しないことはわかったのですが、他の物質と全く反応しないのか、それともニュートリノのように少しは反応するのかというような大事な性質についてはまだ何も明らかになってはいません。

それから、寿命です。暗黒物質は宇宙が誕生した直後から現在まで存在しているので、宇宙年齢の一三七億年かそれ以上の寿命をもっていることがわかります。でも、もしかしたらいずれは壊れるかもしれないですし、それ以上のことはまだわかっていないのです。

第一候補は弱虫くん

こうしていろいろな情報を集めてみると、暗黒物質はまだ本当に未知の物質で、わかっていないことだらけです。ですが物理学者たちは、わかっていないからといって、それで終わりにはしていません。わかっていないなりに暗黒物質の候補者たちを考えています。今、一番の候補者と考えられているのは、弱虫くんです。弱虫くんというのは、本当の名前ではありません。英語のWIMP《ウィンプ》の日本語訳です。このWIMPという言葉は、「ほとんど反応しない重い素粒子（Weakly Interacting Massive Particles）」の頭文字を取ったものです。

暗黒物質は、ニュートリノ以上に、他の物質と反応せずに、地球などもすぐに通り抜けてしまう物質です。電子やニュートリノと同じような小さい粒々の粒子だと思いますが、反応はしない。そして、重い素粒子なのだろうと想像されています。

ここでアインシュタインが導いた有名な式の$E=mc^2$を思い浮かべてみてください。これは重さとエネルギーが変換できることを表しています。つまり、重い素粒子をつくろうとしたら大きなエネルギーを注ぎ込まないといけないのです。宇宙にはたくさんの暗黒物質が存在していますが、人間がまだ実験室でつくることのできない理由がここにあります。重い素粒子をつくろうとすれば、その重さに見合うだけのエネルギーが必要です。

素粒子を人工的につくろうとした場合、加速器を使って陽子などを加速、衝突させる方法を使います。この方法で暗黒物質をつくろうとした場合、とても大きな加速器が必要です。では、宇宙ではどのようにして暗黒物質がつくられたのでしょうか。宇宙でものすごく大きなエネルギーがあったのは誕生直後の頃です。その頃は、宇宙はとても小さくて熱く、ものすごいエネルギーがあったのです。ですので、重い素粒子もつくられたのだろうと考えられています。したがって、暗黒物質は宇宙のはじめにできたのではないかと、多くの研究者がその正体を探っています。宇宙の初期の頃にできた素粒子は、ほとんどのものが消滅してしまいましたが、その一部が暗黒物質として残ったと考えられているのです。

$E=mc^2$によれば、エネルギー（E）がたくさんあれば質量（m）が大きな重い粒子をつくることができるというわけで、ビッグバンの起こった直後の熱い宇宙では、重い素粒子もたくさんつくられていたと推測できるわけです。

ところが、宇宙が膨張していくにつれて、だんだんと冷たくなっていきます。宇宙が広がってくると、密度や温度が低くなり、冷たくなります。温度が下がるとエネルギーもなくなってくるので、暗黒物質のような重い素粒子は時間が経つとつくることができなくなります。しかも、暗黒物質は寿命がとても長いと考えられていますので、素粒子が減るとすれば、壊れて減るのではなく、お互いに出会って反応することで消滅するというシナリオなのです。暗黒物質はお化けみたいに反応しないと何度も言っていますが、ほんの少しだけは反応して、普通の物質に変わってしまったということになっています。

最初にビッグバンでできた重い素粒子は、だんだん消滅して減っていくわけですが、数が減ってくると、ある時点を境にお互いに見つけられなくなります。そうすると、もう消滅もできないので、その後は残ってしまいます。それがビッグバンからの生き残りだと考えられています。それが宇宙の弱虫くん、ＷＩＭＰです。

ＷＩＭＰの正体

暗黒物質の有力候補ＷＩＭＰとはどのような粒子なのでしょうか。もう一度断っておきますと、WIMPというのは「ほとんど反応しない重い素粒子」のことを指していて、特定の粒子の名前ではありません。それでは、WIMPには、具体的にどのような粒子があるのでしょうか。

WIMPの候補として、ちょっと前まで名前が挙がっていた粒子がニュートリノです。ニュートリノはもともと重さがないとされてきましたが、スーパーカミオカンデの観測によって重さがあるとわかってきました。ただ、重さをもっているといっても、暗黒物質のエネルギーには程遠いものでしたので、ニュートリノは暗黒物質の候補のリストからは外されることになったのです。

重さだけでなく、ニュートリノにはもう一つ、暗黒物質にはなれない弱点がありました。それは速度です。ニュートリノは光とほぼ同じ速さで移動します。このように速い速度をもつので、ニュートリノはホットな粒子と呼ばれます。

最近の研究結果によると、誕生した直後の宇宙で、暗黒物質の分布にちょっとしたムラがあったために宇宙の大規模構造ができたといわれています。もし、速度の速いホットな粒子が暗黒物質なのだとしたら、初期の頃のちょっとしたムラを消してしまう可能性があります。速度が速いということは、常に移動しているので、ムラがならされてしまうからです。

暗黒物質にできたムラがそのまま残るためには、暗黒物質の速度が遅くなくてはいけません。現在は、速度の遅いコールドWIMPが暗黒物質の大本命と考えられています。コールドWIM

Pにもたくさんの種類がありますが、暗黒物質の候補として期待されているのがアクシオンとニュートラリーノです。どちらもあまり聞いたことのない名前ですね。皆さんが聞いたことがないと思うのも当然で、アクシオンもニュートラリーノも普通の物質をつくる粒子ではありません。これらの粒子は理論的に予言されているだけで、実際にはまだ見つかっていないのです。

異次元からやってきた?!

ここで問題になってくるのは、そういう粒子が果たしてあるのだろうかということです。候補者の名前はわかっていても、本当に存在しているのかどうかも怪しいのです。暗黒物質の有力候補者はどのような性質をもった粒子なのでしょうか。アクシオンやニュートラリーノ以外にも新しい説が考えられています。

例えば、異次元からやってきたという説です。異次元というとSFなどの想像の世界という印象を受けますが、物理学でもまじめに考えています。私たちの空間認識は三次元です。それに時間を加えた四次元宇宙を認識できますが、宇宙にはもっとたくさんの次元があると考えるのです。この点については第6章で詳しく触れることにします。

四次元を超える次元がどのような形をしているのかも考えないといけません。その中の一つの説に、私たちが認識している四次元宇宙は、五次元以上の高次元の時空に埋め込まれた膜のようなものだというものがあります。私たちは四次元宇宙という膜として存在していて、その上に私たちは住んでいます。私たちの知っている粒子はこの膜の上しか動けないのですが、この膜から自由に出入りできる粒子も存在していて、そういう粒子が異次元から来ているのではないかという考え方です。

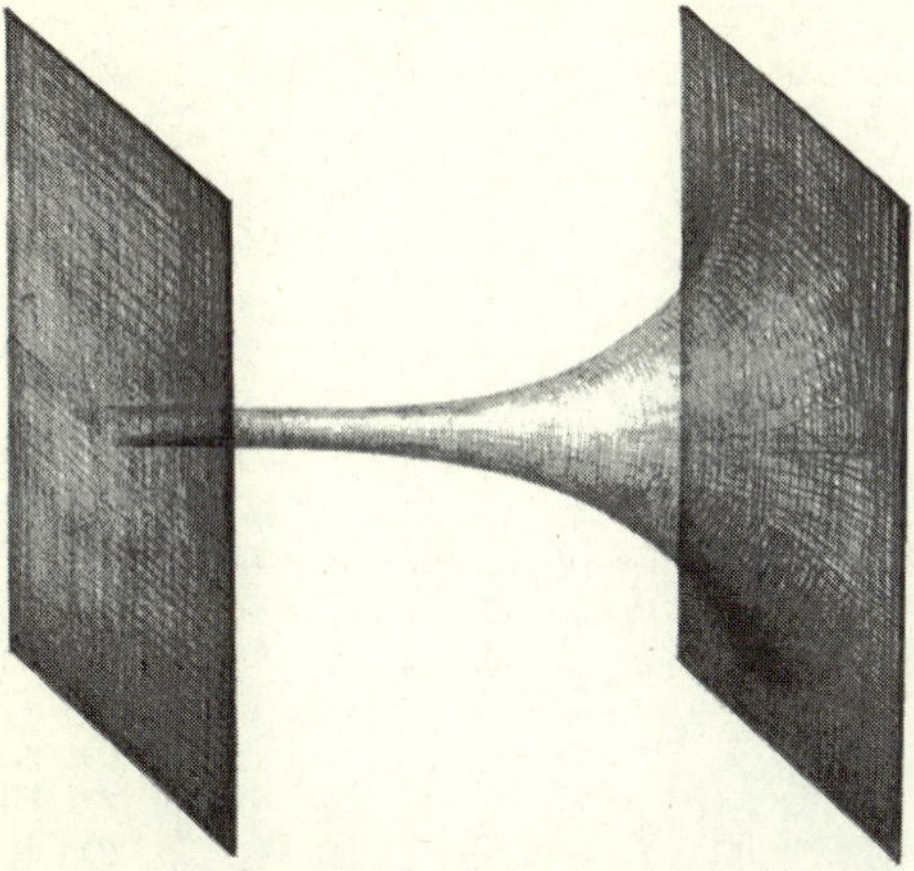

図４―１　宇宙はワープしている　平行に並んだ４次元の膜の間に空間があり、その異次元空間から暗黒物質が来たと考える。

たとえば、アメリカのリサ・ランドール博士は『ワープする宇宙』という本を書いて、日本でも有名になりましたが、彼女が言っている宇宙は、この四次元の膜が二つ平行に並んでいて、その間に空間があるというものです（図４―１）。そして、この空間がワープしているのです。ワープというのは片側が小さくて、もう片側が大きいという不思議な格好をしています。実は、これは今、かなり有力な理論で、こういう話がまじめに考えられています。

これが暗黒物質と関係があるのかといえ

ば、関係あるのです。今、私たちが探しているのは重い素粒子です。ところで、重い素粒子というのは、よく考えると不思議なものなのです。重さがあるということはエネルギーがあるということです。ということは、重い素粒子が止まっているだけでもエネルギーがあるということです。何もしていないのにエネルギーをもっているということは、不思議なことです。

暗黒物質が異次元から来たという説は、この疑問を解決することができます。実は、この重い素粒子は、私たちからは見えない次元を走っているのだと考えるのです。私たちからはその次元は見えないので動いているとは思えず、止まっているように見えます。しかし、三次元より高い次元から見ると、その素粒子は走っているのです。走っているということは、運動エネルギーをもっているのでエネルギーが高いということになります。こう考えることで、止まっているのにエネルギーが高いという不思議さを解明することができます。ですので、異次元にあるものや異次元から来た生物（もしいるとすれば）などは暗黒物質になります。

先ほど出てきたニュートラリーノも見えない次元を動く粒子ですが、この場合は異次元もさらにひねって量子論的な次元だという説です。量子論的な次元といっても詳しく説明できないのでよくわからないと思いますが、気にしないでください。量子論的な次元があると超対称性理論によって、粒子の数が倍になるのです。暗黒物質の有力候補の一つであるニュートラリーノは超対称性粒子の一つです。

暗黒物質の音を探る

これらの暗黒物質の候補は、まだまだ仮説の段階です。その候補が正しいのかどうかを知るためには、実際に観測してみないといけないのです。暗黒物質はニュートリノと同じように、いや、それ以上に他の物質と反応しません。反応性の低いものをどうやって捕まえればいいのか。それは反応があまり頻繁に起こらない静かな場所に行くしかありません。

都会の喧騒の中では、かすかにしか聞こえないとても小さな音は聞こえません。その音を聞くにはとても静かな場所に行く必要があります。暗黒物質探しはそれによく似ています。では、静かな場所とはどこかといえば、地下の奥深くなのです。

地上には、宇宙からたくさんの粒子が降ってきます。たとえば、ミュー粒子という粒子は、宇宙から降ってきて、一秒間に一〇〇個くらい私たちの体を通り抜けています。このような

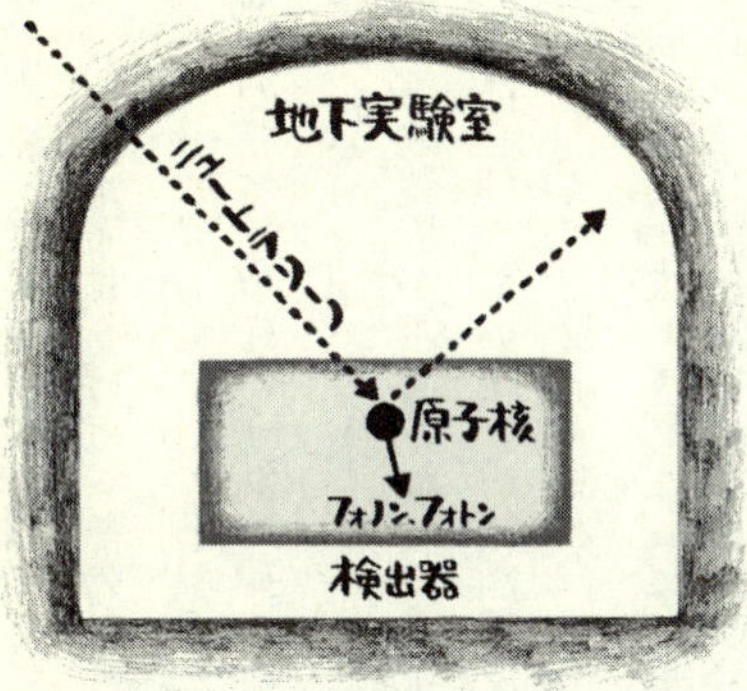

図4－2　暗黒物質をとらえるCDMS　アメリカ・ミネソタ州の鉱山の地下700メートルに設置された実験装置。

粒子がたくさんやってくるので、暗黒物質を探すのにはとても邪魔になるのです。

でも、地下に行けば、そのような粒子の邪魔を受けることがありません。地下に実験室をつくって、とても精度の高い測定機器を置けば、数年に一回は暗黒物質の反応が観測できるかもしれないのです。そういう気の長い話になります。このような実験は既にアメリカでおこなわれています（図4―2）。CDMSという実験で、ミネソタ州の鉱山の地下八〇〇メートルほどのところに実験装置が設置されています。ここでは暗黒物質を探すためにとても純度の高いゲルマニウム結晶を使っています。結晶は原子がとてもきれいに並んでいます。そのようなところに暗黒物質がやってきて反応すると、原子核をコツンとはじきます。このコツンという音が周りの原子に次々に伝わっていくので、この音をとらえようとしているのです。文字通り暗黒物質の音を聞こうという実験なのです。

この実験は、二〇年以上続けられているものですが、二〇〇九年一二月に、「暗黒物質らしき粒子観測　アメリカの研究チーム発表」という新聞記事が掲載されました。これは大々的に報道され、たくさんの人が興味をもった話題です。このような報道が出ると、多くの人は暗黒物質が発見されたという印象をもちますが、よくよく話を聞いてみると、一五年間探した結果、そのような素粒子が二回観測されたかもしれないということだったのです。しかも、観測されたものが本当に暗黒物質だったかどうかもはっきりしていません。雑音だった可能性が二三パーセントも

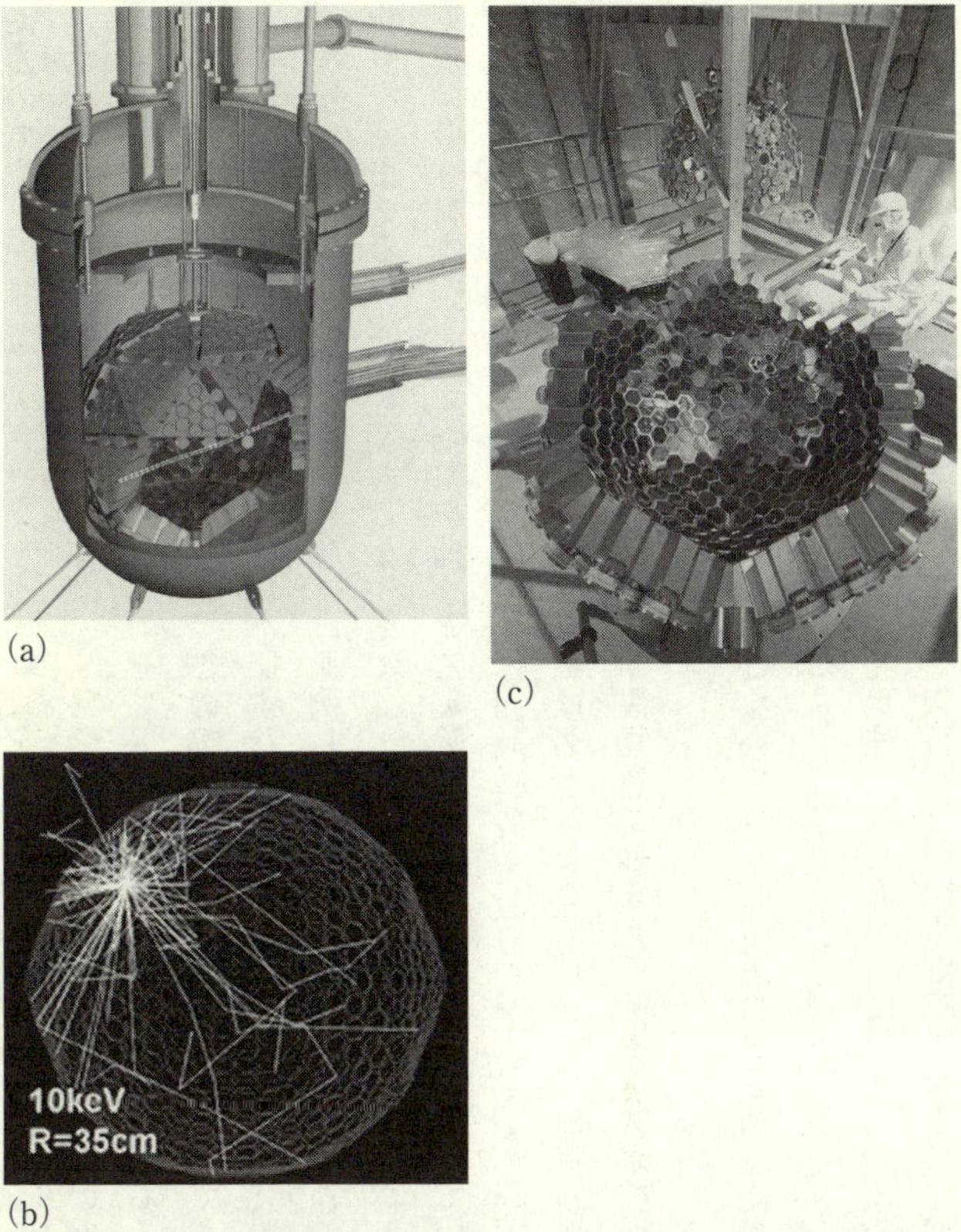

図4―3　暗黒物質をとらえるための実験装置XMASS
神岡鉱山の地下1キロメートルに設置が進む実験装置。約1トンの液体キセノンを642本の光電子増倍管で取り囲んだ検出器（a）に暗黒物質が入射すると、暗黒物質がキセノン原子核と反応し液体キセノンが発光（b）。この光を光電子増倍管（c）でとらえる。（東京大学宇宙線研究所　神岡宇宙素粒子研究施設）

あるのです。

物理学では、間違いである確率が〇・〇〇〇一パーセント以下でないと新しい素粒子や物質が発見されたとは認めません。二三パーセントも間違っている可能性があるのですから、物理学的にいったらお話にならないわけです。この実験では二〇年間積み上げてきて、二回来たかも知れないというレベルなので、暗黒物質を探すためにはもっと大掛かりな装置をつくる必要があるのです。装置の大きさと捕まえる確率は比例していますので、装置が大きくなればなるほど、暗黒物質を捕まえる可能性も大きくなります。

実は今、日本でも暗黒物質を捕まえる実験装置XMASS《エックスマス》をつくっています。岐阜県の神岡鉱山の地下一キロメートルの場所に大きな観測装置を設置しています（図4―3）。先ほど紹介したミネソタのCDMSの装置が重さ数キログラムなのに対して、神岡の装置は約一〇〇キログラムもあります。これだけ大きければ、暗黒物質を捕まえるチャンスが広がるのではないかと思っています。

この装置は、普通の素粒子が入ってこないように、暗黒物質を捕まえる検出器を水のタンクの中に入れます。検出器の中の雑音を出さないようにとてもきれいになっていないといけないので、クリーンルームで装置を組み立てています。CDMSで捕まえた素粒子が本当に暗黒物質だとすれば、神岡の装置を使えば一年間で数百回見つかる計算になるので、これはかなりチャンスがあります。

今、暗黒物質を捕まえる実験は世界中で取り組まれていますが、まだ実際に捕まえられてはいません。研究者の中には捕まえたと主張する人もいますが、信憑性が薄いのです。次の方法では、太陽系の中の地球の動きと天の川銀河の中の太陽系の動きを考えていきます。夏は地球の動きと太陽系の動く向きが同じになるので、銀河系全体に対する地球の速度は相対的に速くなります。逆に冬は地球の動きと太陽系の動く向きが逆になるので銀河系全体に対する相対速度は遅くなります。銀河系には暗黒物質がたくさんあるので地球の速度が速ければ暗黒物質が地球にやってくる速度が速くなり、量も多くなります。地球の速度が遅い場合は、暗黒物質が地球に向かう速度は遅く、量も少なくなります。つまり、地球上で暗黒物質の観測をする以上、季節によって暗黒物質の速度や量が変化するので、その差をとらえることができれば、暗黒物質の正体がわかるのではないかと考えられていたのです。イタリアの研究グループは八年間、観測を続けてその差をとらえたと発表しました。しかし、同じような観測がたくさんされているのですが、他の観測結果と矛盾することが起きているので、その矛盾が説明できなくなっているのが現状です。

過熱する暗黒物質探し

暗黒物質を捕まえるには、とにかく大きなものを使って観測することが必要です。地球上では

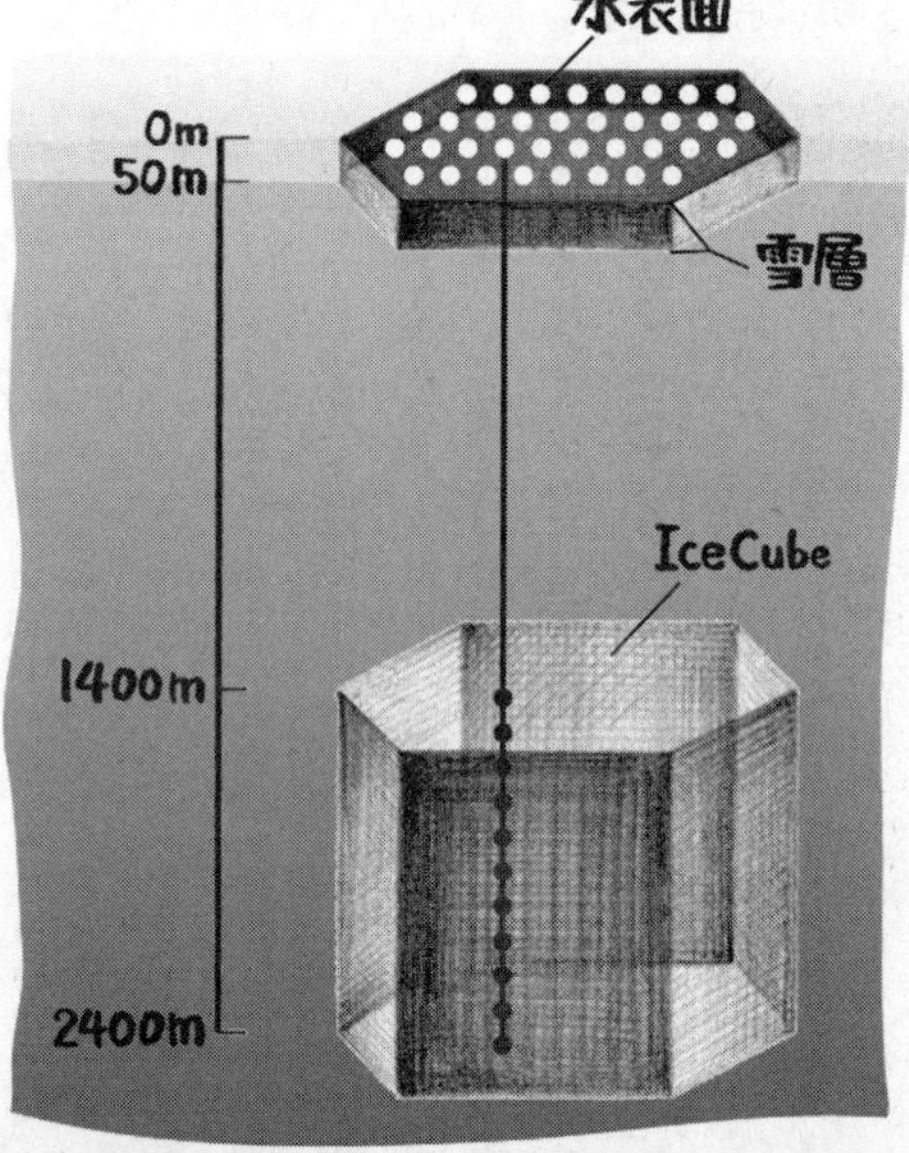

図4—4　南極で進む暗黒物質探し　氷の下2400メートルの地点で暗黒物質が来るのを待つ。下は光電子増倍管が入った光学センサー。(http://www.ppl.phys.chiba-u.jp/research/IceCube/docs/papers/IceCube.pdf)

大きなものといっても限りがあります。でも、地球の周りを見渡してみると、近くに太陽がありま す。この太陽を使って暗黒物質の存在を調べようとしている人たちもいます。暗黒物質の中で太陽にコツンとぶつかるものが出た場合、ぶつかったことによってエネルギーを失って、太陽の真ん中に落ちるのではないかと考えられています。そのような暗黒物質が太陽の真ん中に集まってくると、宇宙誕生の時代のように、お互いに出会って消滅する可能性が高くなります。暗黒物質が消滅するとそこからニュートリノをはじめとしていろいろなものが出てくると考えられていて、それを捕まえようとしているのです。

宇宙から見ると地球と太陽は近いですが、一億五〇〇〇万キロメートルもの距離がありますし、ニュートリノ自体が捕まえにくい素粒子なので、それを捕まえるためには本当に大きな装置が必要です。そこで、今、南極の氷を全部装置代わりにして観測する計画もあります。南極大陸の氷は大きいだけではなく、とても厚いのです。平均約二四五〇メートルで、一番厚い場所では富士山よりも高い四〇〇〇メートルの厚みをもっています。この氷の一平方キロメートルの範囲に半径〇・五メートル、深さ二四〇〇メートルの穴をあけ（図4－4上）、深さ一四〇〇～二四〇〇メートルの場所に六〇個の光学センサー（下）をつけた八〇本ものケーブルを毎年配置し、これを六年間続けて検出器を二〇一一年に完成させました。

南極は平均気温がマイナス一〇度Cという寒い土地です。温水を使って氷を溶かして穴をあけるのですが、一日ほどですぐ再び凍りついてしまいます。穴をあけたらすぐに観測機器を入れて動作確認をして、運用できるようにしないといけません。溶かした穴が凍りついてしまうともう修理や交換ができなくなるからです。このようにして設置した観測機器を使って、暗黒物質同士の衝突で生み出されたニュートリノを捕まえようとしています。

このほかにも、銀河の中心に集まっている暗黒物質が出会うとそこから強い光が出るのではないかと考えて観測しているグループもあります。また、暗黒物質同士の反応では、反物質も生成されると考えられています。その反物質をとらえたのではないかと、最近報告されました。イタリアやロシアを中心とした観測衛星パメラとアメリカを中心としたガンマ線観測衛星フェルミがそれぞれ見つけました。

ところが、今度はそれが暗黒物質から生まれたことを証明しなければいけないのです。もし、二つの観測衛星が見つけたものが反物質であるとしたら、その近くに反物質の工場のようなものがあると考えられています。しかし、それがどういうものなのかはまだよくわかっていません。私たちの周りにある暗黒物質同士がたまに出会って対消滅して、できるのかもしれませんし、そうでないかもしれません。まだはっきりとしたことがいえないのです。近くの星が噴き出しているということだってあり得ます。これは決着するまでまだしばらく時間がかかるでしょう。

ビッグバンを再現する

このように、いろいろな観測からたくさんのデータが出てくると、私を含めて理論物理学の人間はモデルをつくり、理論的に起きている現象を説明しようとします。理論研究では、この方法で暗黒物質が見えるのだったら、あんな実験をしても見えるはずだというように、新しい検証方法を提案するときもあります。今まで話したようなことが、暗黒物質の証拠として存在するのであれば、ニュートリノも反物質もとらえることができるかもしれません。そのようにしていくつもの証拠を積み重ねていって、暗黒物質とは何かを明らかにしていく作業を、世界中の研究者が取り組んでいます。

これまでは暗黒物質を見つけるという話をしてきましたが、ここで暗黒物質をつくる取り組みを紹介したいと思います。その舞台は欧州合同原子核研究機構（CERN：European Organization for Nuclear Research）が建設した「大型ハドロン衝突型加速器（LHC：Large Hadron Collider）」です。スイス・ジュネーブ郊外の地下に一周二七キロメートルにもなる大きなトンネルをつくり、その中で陽子が高いエネルギーで加速されて、ぶつけられます。ＬＨＣは世界一の大きさを誇る加速器で、陽子を加速させるエネルギーがとても大きいです。陽子に与えられるエネルギーが高くなればなるほど、反応のエネルギーも高くなります。

世界一の加速器であるＬＨＣが目指しているのはビッグバンの再現です。加速器は二つの陽子ビームをそれぞれ加速させ、観測装置のところで衝突させるようになっています。二つをとても高いエネルギーで加速させれば、衝突した時に、ビッグバンが起きた時と同じようなエネルギーを解放させるはずです。その時に何が起きるのかを観測すれば、ビッグバンが起きた時にこの宇宙に起きたことがわかるのではないかと考えられています。もちろん、一緒に暗黒物質ができるのではないかという期待もあります。

加速した陽子を衝突させると、たくさんの粒子が生まれてきます。一瞬で終わってしまう出来事の中で何が起きたのかをすべて記録し、調べようとすると、観測装置も大掛かりなものになります。ＬＨＣの観測装置の大きさは五階建てのビルよりも大きくなります。サイズ的にはスーパーカミオカンデを横倒ししたようなイメージになります。このような大きな装置を使って、素粒子を衝突させたときの様子を綿密に調べていけば、目に見えない暗黒物質ができたという証拠がつかめてくるはずなのです。そして将来は、日本でリニアコライダーという新しい加速器をつくって、ビッグバンで起こったことをより詳細に調べていきたいという計画が持ち上がっています。

宇宙のゲノム計画

これまで暗黒物質について話を進めてきましたが、結局、物理学者は何をやっているのでしょうか。簡単に言ってしまえば暗中模索です。こう言ってしまうと聞こえが悪いですが、要は、実験や観測で得られた事実をつなぎ合わせて、矛盾がないような説明を考えることをしています。

宇宙の観測から暗黒物質がなければいけないということがわかってきて、実際に暗黒物質がある証拠を捕まえようとさらに観測を重ねています。さらに、別のアプローチとして、加速器で暗黒物質そのものをつくろうとしています。これらの結果をつきあわせていくと、徐々に暗黒物質の姿が見えてくるはずです。たくさんのデータが出揃ってくれば、暗黒物質の正体が明らかになります。正体が特定されて初めて、暗黒物質がどこから来たのか、異次元から来たのかどうかということを検討することができます。今は、暗黒物質の正体を暴くための証拠となる観測や実験のデータが出てくるのを待っているところなのです。

暗黒物質の正体が明らかになることは、宇宙物理学にとって大きな意味をもっています。暗黒物質が何かを特定することができれば、暗黒物質がつくられた頃の宇宙、つまり、誕生してから一〇〇億分の一秒後の宇宙の姿を知ることができるようになります。加速器を使って暗黒物質をつくることは、ちょうどタイムマシーンに乗って、誕生したばかりの宇宙の様子を見に行くようなものなのです。

暗黒物質の正体がわかり、宇宙の最初の頃の様子もわかったら、宇宙に関する疑問はもうないのでしょうか。実は、大きな疑問がまだ残っています。宇宙の誕生から現在の大規模構造ができ

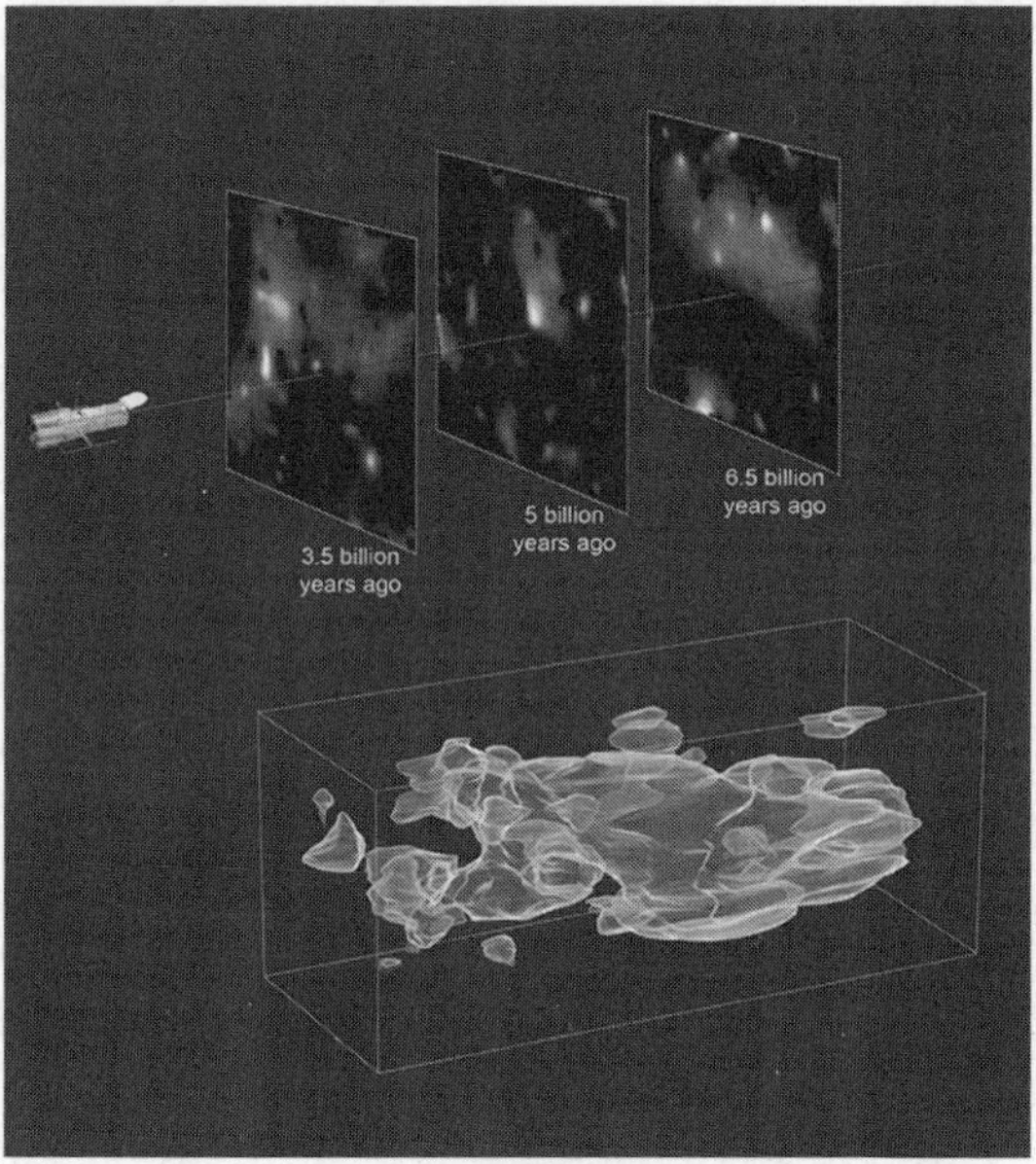

図４—５　暗黒物質の３次元マップ　(STScI/NASA)

るまで、宇宙はどのように成長してきたのかがわかっていません。これはコンピュータシミュレーションではある程度わかってきているのですが、実際のところどうなのかということを知りたいのです。

　宇宙の起源と運命を調べるためには、どうすればいいでしょうか。結論からいえば、遠くを見るしかありません。光はこの宇宙で一番速いものですが、無限に速いわけではありません。光が届くまでには一定の時間がかかりますし、遠ければ遠いほど、過去に発せられた光を見ることになります。遠くの宇宙を見ることは、過去の宇宙を見ることと同じなのです。

しかも、遠くの宇宙で暗黒物質を見たいのです。過去の宇宙の暗黒物質地図をつくることができれば、暗黒物質がどうやって進化して、今の大規模構造をつくるにいたったのか、その過程が見えてきます。そのためには、遠くの宇宙で重力レンズ効果を使った大規模な観測をする必要があります。

そこで、私が機構長を務める東京大学国際高等研究所数物連携宇宙研究機構（ＩＰＭＵ）では、国立天文台や外国の研究機関と協力して数十億光年離れた銀河を何百万個も観測する計画を打ち立てました。これは宇宙のゲノム計画ともいえるものです。具体的には、すばる望遠鏡を使って銀河のイメージと分光器による赤方偏移の観測をするので、すみれ（SuMIRe：Subaru Measurement of Images and Redshifts）計画と名づけられています。

すみれ計画のために九億画素、重さ三トンの大型カメラや一度に三〇〇〇個ぐらいの銀河を観測できる分光装置を製作し、すばる望遠鏡に取りつける予定です。この計画が進められると、さらに詳しい暗黒物質の地図をつくることができます。

現在つくられている暗黒物質の地図はほとんどが二次元のものです。平面的な分布はわかるのですが、奥行きがどうなっているのかがわかりません。三次元の地図もつくられ始めてきていますが、まだまだ範囲が小さすぎます。視野が狭いので、大規模構造まで見えないのです（図４―５）。

ですが、すみれ計画が進んでいけば、広い範囲で三次元の暗黒物質の地図をつくることができます。三次元は縦、横に奥行きの情報が加わります。奥行きがわかり、遠くまでの分布がわかれば、それがそのまま宇宙の大規模構造や暗黒物質の昔の状態を見ることになります。しかも、大昔から現在まで宇宙がどのように進化してきたのかも実際に観測することができるようになるのです。

宇宙が誕生したころは、暗黒物質はどこでもほぼ同じ濃さでしたが、時間が経つにつれてだんだんと集まるようになり、濃いところと薄いところができ、大規模構造をつくってきたといわれていますが、本当にそうだったのかを観測で見てみたいというのが、この計画の狙いです。

暗黒物質の正体を明らかにするには、まだまだデータが少なくて、必要なデータを集めるにはもう少し時間がかかります。ただ、はっきりしていることは暗黒物質がないと、星も銀河も生まれることができなかったということです。文字通り、暗黒物質は宇宙の骨組み、ゲノムだということができます。すみれ計画をはじめ、暗黒物質の正体に迫る観測や実験がいくつも進んでいます。それらはどれもいいところまで来ているのではないかというのが、今の感触です。そろそろ宇宙の暗黒面を征服する時期がくるのではないかと思っています。

質疑応答

質問：ビッグバンのときに膨大なエネルギーがあったと思うのですが、なぜそういうエネルギーがあったんでしょうか？

村山：そもそもビッグバンは何だったのかということですよね。何でそんな大爆発が宇宙で始まったのかということは、実はまだわかっていません。そのことも、私たちの知りたいところで、たくさんの人たちが宇宙の始まりについて研究しています。なぜ、宇宙が誕生し、そこにとても大きなエネルギーがあって、それがなぜ大きくなったのだろうかという根本的なところは本当にわかっていないのです。

なぜわからないのかという理由の一つとして、今の宇宙をどんどん昔にさかのぼっていくと、小さな点になると考えられていることが挙げられます。宇宙が点になってしまうと、その場所のエネルギーは無限大になってしまうのです。そうすると物理学者はお手上げです。どうやって扱っていいのかわからないからです。

ですが、数学者は無限大の扱い方を知っています。例えば、一九五四年に数学界のノーベル賞として知られるフィールズ賞を日本人で初めて受賞された小平邦彦さんの論文には、多様体の特異点の解消をテーマにしたものがあります。これは無限大をどうやって取り扱うかということを数学的に述べているわけです。ということは、数学者の助けを借りれば、無限大の問題をうまく解決して、私たち物理学者が扱える枠組みや理論に迫れるのではないかと思っています。これは私たちの目標の一つなのです。

コラム──宇宙の年齢

この宇宙はどのように始まったのでしょうか。宇宙は今から約一三七億年前に生まれたと考えられています。宇宙は今でこそ始まりがあると考えられていますが、一〇〇年ほど前までは、宇宙は膨張も収縮もしないで一定の状態を保っていると考えられていました。常に一定なので、宇宙には始まりもなければ終わりもない、永遠に同じ状態が続いていると思われていたのです。ところが、一九二九年に宇宙が膨張していることが明らかになりました。アメリカの天文学者エドウィン・ハッブルが銀河の観測をしているときに、遠くの銀河が遠ざかっていることを発見したのです。

宇宙が膨張しているということは、時間とともに変化していることを意味しています。時間を戻せば宇宙はどこか一点に集まることになります。その一点が宇宙の始まりとなるのです。つまり、ハッブルの発見は宇宙には始まりがあるということを示したのです。そして、たくさんの研究者の興味は宇宙の年齢と始まりに向かいました。

宇宙の年齢については、宇宙の誕生から現在までの膨張速度がわかれば、そこから逆算することができます。ハッブルは早速、膨張速度を求め、年齢を割り出してみましたが、出てきた答えは約二〇億歳というものでした。地球の年齢が約四六億歳なので、宇宙の年齢は地球より若いことになってしまいます。この矛盾から宇宙が膨張しているというハッブルの主張に否定的な意見もありましたが、膨張説は間違っていませんでした。当時の観測技術では正確な膨張速度を知ることができなかったのです。

その後、宇宙の膨張速度を割り出すための観測が続けられましたが、正確な値が出るまでにはとても長い時間が必要でした。そして、二〇〇三年、ついに、宇宙誕生から現在までの正確な膨張速度を割り出すことができ、宇宙の年齢が一三七億歳であることがわかりました。

宇宙の始まりを見る

宇宙の年齢がわかってくると、宇宙はどのように誕生したのかについて興味がわいてきます。当たり前のことですが、宇宙が始まった瞬間を見たことがある人はいません。遠くの宇宙を見れば昔の宇宙の姿を見ることができますが、今のところ、人類が見ることができたのは、宇宙誕生から約六億年後の銀河までです。しかも、光をはじめとする電磁波からさかのぼれるのは宇宙が誕生してから三八万年後くらいまでなのです。それより前は宇宙の温度が高すぎて、光がまっすぐ進むことができませんでした。

宇宙誕生から三八万年の間の宇宙を見るすべはないのでしょうか。現在、宇宙の始まりの頃を見る手段として期待がかかっているのが重力波望遠鏡です。重力波は重力の変化によって生じる時空の歪みが波動となって伝わるものです。超新星爆発、中性子星連星の回転や合体などで発生すると考えられていますが、まだ実際に観測されてはいません。重力波は宇宙誕生の第一報を伝えたともいわれています。重力波をとらえることができれば、誕生して間もない頃の宇宙の様子がわかるかもしれません。現在、日本だけでなく、アメリカやヨーロッパのグループも重力波望遠鏡の開発を進めています。

人類誕生から現在まで、宇宙が誕生したときの様子を見た人はいません。それでは、この宇宙がどのように誕生したのかがまったくわかっていないのでしょうか。実際に見ることはできなくとも、宇宙誕生のストーリーは見えてきています。現在の宇宙の状態を精密に観測することで、宇宙がどのようにできてきたのかを計算をもとに推測することができるのです。数学的な裏づけをもつことで、ただの空想的なお話から、筋の通った理論になっていくのです。現在、宇宙の始まりについてはいくつかの理論が考えられています。誕生したばかりの宇宙を説明する理論としては、誕生直後にとても大きな大爆発が起きて、広がってきたというビッグバン理論が有名です。ですが、この理論はいくつもの問題点があります。現在は、最初に素粒子ほどの大きさの宇宙ができた直後、急激に膨張するインフレーションと呼ばれる時期があったというインフレーション理論が、宇宙の初期の状態をより正確に表現していると考えられています。インフレーションの後にビッグバンが起きて、現在の宇宙の姿になっていったというわけです。

第5章　宇宙の運命

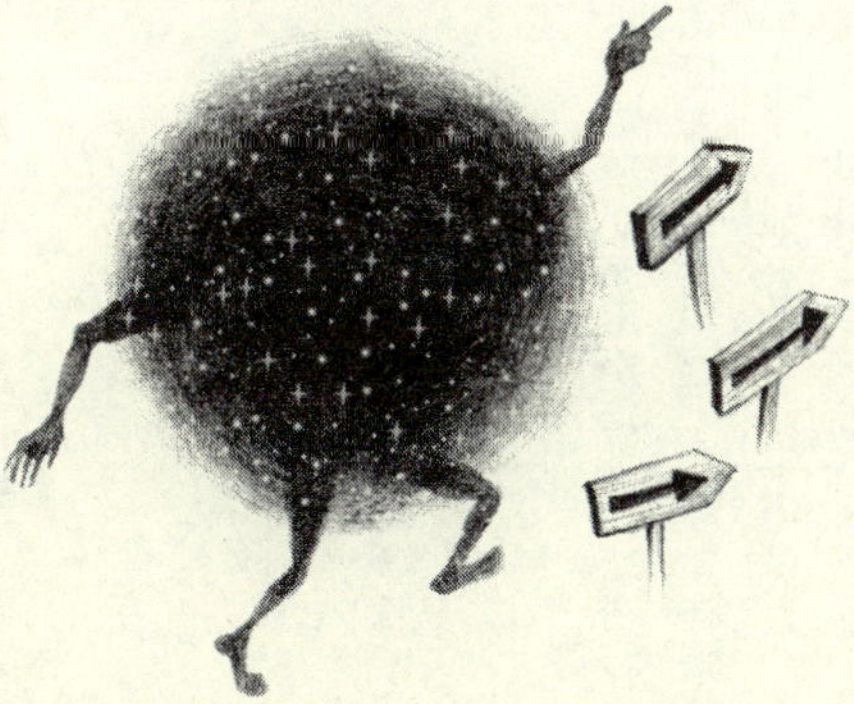

宇宙の始まりについて、さまざまな角度から研究されていることは、第4章でお話しした通りです。始まりと同時に気になることは宇宙の将来です。宇宙は、これからどうなっていくのでしょうか。この章では、宇宙が抱えている運命がどのように考えられているのかをお話しします。

宇宙の運命

宇宙の運命については、可能性が三つあるといわれていました。

1. 時間が経つにつれて、宇宙は減速するが大きくなり続ける。
2. 宇宙は大きくなっていくが、ある時点を境に収縮し始めて、最終的にはまた小さな点に戻る。
3. 大きくなるスピードがいずれ一定になり大きくなり続ける。

宇宙がどのくらい大きくなっていくのかは、宇宙にどのくらい物質があるかによって変わってきます。宇宙の中に物質がとてもたくさんあると、ある程度まで大きくなったところで膨張は止まってしまいます。そして、収縮に転じて宇宙は潰れてしまいます。最終的には宇宙は一つの点に戻ってしまうのです。これをビッグクランチと呼びます。宇宙の初期にビッグバンがあり、ビッグクランチで終焉《しゅうえん》を迎えるという図になるわけです。

一方、宇宙の中の物質の量が少ないとどうなるでしょうか。時間が経つにつれて膨張速度はだんだんと遅くなります。ところが、膨張はずっと継続していきます。この場合、宇宙は終わりなく膨張し続けていきます。このモデルでは、宇宙は永遠に続いていきます。宇宙はどんどん膨張して大きくなるわけですが、大きくなるにつれて膨張速度は遅くなりますから、時間が経つにつれて遠くにある星や銀河の光が私たちのもとに届くようになります。ということは、今よりもっと遠くの星や銀河を見ることができるようになるということを意味していますので、観測をする研究者としてはかなり楽しいですよね。しかし、宇宙が減速膨張するこのモデルは、現在、完全に否定されています。そのきっかけとなったのが暗黒エネルギーです。

暗黒エネルギー

暗黒エネルギーは暗黒物質と並んで、宇宙をつくるものの中で正体がわかっていないものです。未知の、正体不明のエネルギーなので、暗黒エネルギーといっています。暗黒物質の方は、一〇年以内にはその正体が明らかになるのではないかと期待がもてるようになってきましたが、宇宙の全エネルギーの七三パーセントを占めると考えられている暗黒エネルギーは、まだ糸口がつかめていません。

今のところ、私たちは暗黒エネルギーを見ることも感じることもできません。しかし、暗黒エネルギーはこの宇宙の約四分の三も占めているものです。そういうものがどこか一部の場所に偏って存在するとはあまり考えられません。私たちが気づいていないだけで、私たちの周りに既に存在するはずなのです。

暗黒物質も、暗黒エネルギーも、それがどんなものなのかはまだわかっていません。それなのに、物質とエネルギーとに分けているのはなぜなのでしょうか。一番の違いは、宇宙が大きくなると暗黒物質は普通の物質と同じように薄まるのに対し、暗黒エネルギーは薄まらないということです。この暗黒エネルギーを発見するきっかけとなったものが非常に遠くの宇宙で起きた超新星爆発です。そして、このときに発生する非常に明るい光を超新星と呼んでいます。

超新星から膨張速度を求める

宇宙の膨張が減速していることを実際に確かめようとすると、遠くを見て過去の膨張速度を測り、近くの、つまり最近の膨張速度と比べればよいはずです。ここで一番難しいのは、距離を測ることです。遠くの銀河まで行って帰って来ることはできませんので、宇宙ではどうやって正確に距離を測るのでしょうか。そこで役立ったのが超新星です。

超新星は観測される光の特徴から七つほどの種類に分類されます。その中の一つにIa型の超新星があります。このタイプの超新星はだいたいみんな同じくらいの明るさをしていることがわかっています。ですので、Ia型超新星爆発を観測したときに、どのくらい明るいかを調べれば爆発のあった場所までの距離を測ることができます。しかし、Ia型は超新星爆発が起こるまでのプロセスがわかっていないのです。

観測の結果から、今の時点でわかっていることは、Ia型超新星爆発は、二つの星がお互いの周りをグルグル回る連星で起きるのだろうということです。ただ、その連星の組み合わせは二つのパターンが考えられています。

一つ目は白色矮星に巨星の伴星という組み合わせです。白色矮星が自身の重力によって巨星からガスをどんどんと吸い上げていくというものです。巨星のガスを飲み込むたびに白色矮星は重さを増し、重力がより強くなっていきます。重力が強くなると、ガスを飲み込むスピードがどんどんと増し、白色矮星の重さは増えていき、重力がさらに強くなるというサイクルを繰り返します。ただ、このサイクルは永遠に続くものではありません。どこかで白色矮星は自分自身の重力に耐えきれなくなり、潰れ始めます。このときに大きな爆発を起こすと考えられています。そして二つ目が白色矮星と白色矮星の組み合わせです。この場合は、お互いに衝突して合体してしまいます。そのときに、超新星爆発を起こすというものです。

Ia型超新星爆発は星が銀河全体よりも明るく光ります。地球に届く光を調べれば、どのタイプの超新星爆発か調べることができます。Ia型はどれも明るさがほぼ同じなのです。しかし、Ia型なのに暗い超新星爆発というものも観測されることがあります。これはいったいどういうことなのでしょうか。

答えは簡単で、暗いものは爆発が起きた場所が地球から遠いからなのです。観測された爆発の明るさを比べることによって、爆発した場所がわかるので、Ia型超新星爆発は宇宙空間の距離を測るいい指標になるのです。しかも、Ia型の爆発は単に距離を測れるだけではありませんでした。

宇宙は常に膨張しているので、遠くの天体から放たれる光は、遠ざかる救急車が鳴らすサイレンのように波長が伸びていきます。音の場合は波長が伸びると低くなりますが、光の場合は赤色の方向に変化していき、さらに波長が伸びるにつれて、赤外線になっていきます。観測した光や電磁波の波長がどのくらい伸びているのか、その割合を調べていくと、超新星が爆発してから宇宙がどのくらい広がったかがわかるのです。

Ia型超新星爆発の観測を通して、超新星爆発を起こした場所までの距離と、その場所はどのくらいの速さで遠ざかっているか、つまり、膨張速度の二つのことがわかります。膨張速度は宇宙の広がり方を示しているので、近いところから遠いところまでの、それぞれの膨張速度を求めることができます。それぞれの年代の膨張速度がわかるということは、過去にさかのぼって宇宙の成長過程を見ていることになります。その結果、宇宙の膨張速度がどんどんアップしている、つまり、宇宙が広がる速度が増していることがわかったのです。

これはとてもヘンなことなのです。私たちの宇宙にたくさんある暗黒物質は重力によってものを引き寄せています。当然、たくさんあれば宇宙の膨張を押しとどめるように、遅くしていくはずです。ですが、超新星爆発の観測からは宇宙の膨張する速度がどんどん速くなっているという答えが返ってきました。これは暗黒物質だけでは説明がつきません。宇宙の膨張が速くなっていることを説明するためには、引力に対抗して、宇宙を広げるようにしていく斥力を利かせるものが必要なのです。

増え続けるエネルギー

宇宙の膨張速度が速くなっているという観測結果は、世界中の物理学者を驚かせました。私たちは、宇宙が誕生して以来、だんだんと宇宙の膨張速度が遅くなっているのではないかと思っていたからです。宇宙には、目に見える星や銀河などよりも、目で見ることのできない暗黒物質の方が多く存在します。ところが、宇宙が広がっていけば、その分薄まります。宇宙の大きさが二倍になれば、縦、横、奥行きの三つの方向での長さがそれぞれ二倍になりますので、体積は八倍になります。暗黒物質の量が変わらないとすれば、体積が八倍になれば、密度は八分の一になります。そうすると、宇宙の中のエネルギーの密度が低くなりますので、宇宙の膨張速度は遅くなるはずです。これが、私たちが宇宙の膨張速度が遅くなると思っていた根拠です。

それにもかかわらず、宇宙の膨張速度は速くなっていました。たとえば、宇宙が倍の大きさになったとしたら、今までは、その中身のエネルギー密度が薄くなっていると考えられていました。でも、そうではない。宇宙がどんどん大きくなるにつれて、どこからともなくエネルギーが湧き出てくる。そのようなへんてこりんな状態になっているというのです。

なぜ、このようなことが起きているのでしょうか。それは宇宙が大きくなっても薄まらない何かがあるからです。その何かが暗黒エネルギーなのです。しかも、この暗黒エネルギーは、なぜかわからないけれど、エネルギー量が増えるものらしいのです。カップの中に熱いコーヒーを入れても、時間が経てば冷めてしまうように、エネルギーは何もしないと減る方向に向かいます。ですが、暗黒エネルギーの場合は、エネルギーが増える方向にあるのです。この話だけを聞くと、暗黒エネルギーは、これまでの私たちの常識が通用しないへんてこりんなエネルギーのように思えます。しかし、宇宙がどんどんと広がっているのに、膨張速度が加速するという現象を説明するためには、宇宙が広がるたびに、それを補うように増え続けるエネルギーが必要なのです。

この暗黒エネルギーに相当するものを初めて考えたのは、あのアインシュタインなのです。アインシュタインは相対性理論が有名ですが、その一般相対性理論を使って、宇宙の様子を記述する宇宙方程式も導き出しました。

アインシュタインは、宇宙は一様で一切変化しないと信念に近いような思いをもっていたのですが、彼が導き出した宇宙方程式を解いた結果、宇宙は変化するという結果が導かれてしまいました。困ったアインシュタインは、宇宙が変化しないように斥力を働かせる宇宙項というものを宇宙方程式の中に入れてしまったのです。

しかも、この宇宙項は困ったことに科学的な根拠があるわけではなかったのです。観測の結果から宇宙は膨張していることがわかるとアインシュタインはこの宇宙項は「生涯最大の誤りだった」と認めています。しかし、一九九〇年代以降、宇宙観測がさらに進むと状況が一変して、宇宙の膨張が加速している事実が発見されました。この状況を説明するには宇宙方程式に宇宙項を入れる必要があったのです。

アインシュタインが思いつきのように入れた宇宙項が、二一世紀になって宇宙をより正確に説明するためになくてはならなくなっているということに、アインシュタインはすごい人だなと思うわけです（符号は違いましたが）。ともかく、この宇宙項の表現している斥力が暗黒エネルギーであれば、つじつまが合ってくることになります。

宇宙が裂ける？

膨張速度がどんどん上がっていくと、宇宙はどうなってしまうのでしょうか。もし、この状態が続けば、最終的に宇宙は引き裂かれてしまいます。この結果は、宇宙観測をしている人間にはとても悲しいことを引き起こします。すばる望遠鏡やハッブル宇宙望遠鏡などで遠くの銀河の美しい画像が撮影されるようになりましたが、宇宙が引き裂かれてしまうほど速く膨張してしまうと、遠くの銀河はより遠くに行ってしまいますので、地球からは見えなくなってしまいます。つまり、このまま宇宙の膨張速度が速くなり続けると、今、観測できているたくさんの銀河はいずれ見ることができなくなり、最後には近くの星しか見られなくなってしまうのです。

これは宇宙を観測する研究者にとってはとても残念な予想です。現在の宇宙論は、より遠くの銀河を観測することでたくさんのことを明らかにしてきました。将来、それらの銀河が観測できなくなってしまうということは、観測によって宇宙論を研究することができなくなってしまうということを意味します。個人的には、こういう未来は来てほしくないと思っています。

宇宙が引き裂かれても、ある程度のところで膨張の加速が緩やかになってくれれば、地球の周りには天の川銀河の星があり、夜空も見た目はそんなに変化がありません。例えば、宇宙が二倍に大きくなると、体積は二の三乗、つまり八倍になります。このとき、暗黒エネルギーが七倍くらいしか増えないのであれば、遠くの銀河は見えなくなりますが、天の川銀河はそのまま残ることになります。

ですが、八倍以上、つまり膨張速度よりも暗黒エネルギーが生み出される速度の方が速い場合は、加速がどんどん進み、ある時点で膨張速度が無限大になってしまいます。そうすると、あまりの加速に一つ一つの銀河もバラバラに引き裂かれます。さらに、銀河の中にある星もバラバラに引き裂かれて原子になり、最終的には原子ですらバラバラになってしまうのです。これをビッグ・リップ（Big Rip）といいます。リップというのは、唇という意味ではなく、引き裂くという意味の英語です。ビッグ・リップは宇宙が完全に引き裂かれる終わり方を指しています。

つまり、宇宙には暗黒物質と暗黒エネルギーがあることがわかってきたおかげで、宇宙の膨張速度が速くなる理由もわかってきました。宇宙の未来は、膨張が続くのですが、膨張速度がどれだけ速くなるのかがカギになります。膨張速度が一定の範囲以内であれば、膨張が永遠に続きます。ですが、膨張速度が速くなりすぎたら、どこかで無限大になってしまい、宇宙がバラバラになって終わってしまう。そのどちらかであると考えられています。

暗黒エネルギーが生み出されるスピード

それではどちらが本当の未来になるのか。実は、それを精密に測定しようという研究が既に始まっています。研究の舞台となっているのがハワイのマウナケア山頂にあるすばる望遠鏡です。この望遠鏡に大きなカメラを取りつけてより広い視野で宇宙を調べようとしています。広い視野にすれば、遠くの銀河をよりたくさん見ることができます。その銀河の歪みを調べることで暗黒物質の分布がわかってきます。

暗黒物質の分布がわかってくると、同時に暗黒エネルギーのこともわかってくるのです。暗黒物質の分布の割合を調べると、暗黒エネルギーが生み出されるスピードを知ることができるのです。これは間接的な方法なのですが、暗黒エネルギーがどのくらい速く生まれるかを調べることができれば、実験的な手法で宇宙の運命を知ることができるようになるので、どのような結果になるのかとても楽しみです。

超ひもが予測する宇宙の終わり

宇宙論の理論としては、宇宙は膨張し続けるということになっています。この理論の前提としては、アインシュタインの重力理論がありますので、宇宙加速膨張説を否定する人たちの中には、アインシュタインの重力理論が間違っているのではないかと考える人もいます。

アインシュタインの重力理論が間違っているとすると、正しい理論はどういうものになるのでしょうか。今、注目を集めているのが超ひも理論です。超ひも理論の研究者の間では、宇宙は加速膨張するのではなく、その前提となるアインシュタインの重力理論が間違っていて、膨張の加速は止まるのではないかという議論もあるのです。もしそうであれば、宇宙の未来は別の運命が待っていることになります。

その一つが、泡宇宙です。宇宙の加速膨張がどんどん続いていくと、あるところで泡ができ始めます。泡の外は加速膨張をしている宇宙なのですが、泡の中には暗黒エネルギーは存在せず、加速膨張をしません。泡がたくさんできると、ある時点を境に、泡で宇宙が埋め尽くされ、暗黒エネルギーのない宇宙になります。そうすると、加速膨張も終わります。膨張を続けても加速せずにだんだんと減速していくようになると考えられています。このストーリーは、まだ本当かどうかわかりません。超ひも理論の研究からはこのような宇宙も考えられますよと提案されている段階です。

質疑応答

質問：宇宙が遠ざかっているので、遠くの星が本来の色よりも赤っぽく変化して、その程度によってどれぐらいの速さで遠ざかっているかがわかるというお話についてですが、例えば、今、オレンジ色に見えている星が、実は黄色や青だったということは、どうしてわかるのでしょうか？

村山：私たちの住む天の川銀河の中にどのような星があるのかということを調べてみると、かなりバラエティがあります。そして、星のタイプによって分類もされていて、どのタイプの星がどのような色をしているのかもわかっています。

星の色は、星の成分、つまり、星をつくる原子の種類と深く関わっています。星は内部で核融合が起こっているために光っています。核融合反応のために内部はもとより表面も高い温度になっています。原子を熱していくと、色のついた光を出します。中学や高校で勉強した方も多いと思いますが、これを炎色反応といいます。何色に光るのかは原子の種類によって決まっています。例えば、よくトンネルなどに黄色いランプがついています。あれはナトリウムランプといい、ナトリウム原子に熱をかけて黄色い光をつくっています。星の放つ光を分析すると、どのような原子がどのくらいの割合で入っているのかという星の成分がわかります。成分がわかれば、地球の近くで光っている星の光と比べることで、その星のもともとの色がはっきりします。観測された色が、その色からどのくらい違っているのかを調べることで、元の色からどのくらい赤い方に変化したのかがわかるのです。これは非常に精度よく測れるようになっています。

質問：遠くの銀河は昔の銀河ですね。そうすると、より遠くの銀河がより遠ざかっているということは、より昔の銀河がより速く遠ざかるということになりますよね。それがどうして、今現在の宇宙の膨張が加速しているということになるのでしょうか。遠くの銀河が速く遠ざかっていれば、今現在の宇宙もやっぱり広がっているということにつながっていくのでしょうか？

村山：確かに、遠くの銀河で起きた超新星爆発は昔に起きた爆発です。その光が遠ざかる度合いを観測して、宇宙の膨張はどんどん速くなっていると結論づけています。ですが、遠くの銀河のほうが速く遠ざかっているから、加速しているという結論を出したわけではありません。もしかしたら説明が不十分で、うまく伝わらなかったのではないかと思いますが、実際にやっていることをもう少し詳しく説明します。

まず、遠くの銀河で爆発した超新星を見ます。宇宙の膨張速度は計算されているので、このくらい広がったはずだということも計算できます。ですが、遠くの星を見ると、思っていたよりも暗く観測されます。遠くで起きた超新星が予想よりも暗いということは、宇宙の膨張が予想以上に進んでいるということです。つまり、最近になるほど、宇宙の膨張は進んでいて、過去の方は実はそんなに膨張していなかったという結論です。

宇宙の膨張が加速しているという話は、遠くの銀河の方が速く遠ざかっているように見えるから言っているわけではありません。そうだとすれば、むしろ減速していることになるはずです。私たちが宇宙の膨張速度が加速していると言っているのは、星が爆発した後に、思ったよりも宇宙が引き伸ばされているからなのです。

質問：私たちの身の回りにあふれているエネルギーは、使ったらなくなってしまうものですが、暗黒エネルギーは湧いてくるということでした。暗黒エネルギーは私たちが思っているエネルギーとまったく違うものなのでしょうか？

村山：そうですね、暗黒エネルギーは普通のエネルギーとは違うものみたいです。そして、何であるかもわからないので、今のところは使うこともできないのです。

質問：暗黒エネルギーは暗黒物質と関係があるのですか？

村山：暗黒エネルギーと暗黒物質は関係があると考えている人もいます。ですが、この二つはともにその正体がわかっていません。わかっていないものとわかっていないものが、どういう関係があるかっていうのは、もっとわからない問題ではありますが。

ただ、両者が何か関係があるのではないかと思われているのには、理由があります。先ほど、暗黒物質は、宇宙全体の二三パーセント、暗黒エネルギーは七三パーセントを占めていると言いましたけれども、考えてみると不思議です。三倍くらいの差はありますが、一〇〇〇分の一や一〇〇万分の一でもありません。だいたい同じぐらいのオーダーのエネルギーをもっているわけです。これはどうしてでしょうか。このことを理解しようとすると、何か関係があるはずだという気がしてきます。関係があるのではないかと思っている人はかなりいるのですが、どういう関係があるかはまだわかっていません。

質問：暗黒エネルギーについては、エネルギーの保存の法則や物質の保存の法則というのは成り立たないということになるのでしょうか？

村山：物質保存の法則は、実はもう成り立っていません。核反応や加速器を使った実験をおこないますと、反応の前後で物質の量が増えたり減ったりすることがありますので、物質だけでは保存しないことがわかっています。しかし、エネルギー全体としては保存しているはずだというのが、普通に考えられるわけです。

ところが、エネルギーが保存する場合というのは、時間が経っても物事があまり変化しないときなのです。そのような状況ではエネルギーが保存することははっきり数学的に示せるのですが、宇宙の場合には、時間に原点があります。宇宙が始まって、どんどん大きくなっていくということで、時間に始まりがあります。そして、もしかしたら終わりもあるかもしれない。そういう場合には、実はエネルギーを保存しないということもわかっているのです。

例えば、宇宙の晴れ上がりから来た光を考えてみます。ビッグバンのときにできた光というのは、宇宙の中にまだたくさんあるわけですが、それは最初に出たときは、可視光線のような光だったのですが、宇宙が大きくなるにしたがって電波に変わってしまいました。実はこれもエネルギーが減っているからです。実際にそういう現象が見つかっています。結論としては、膨張している宇宙ではエネルギー保存の法則は成り立たないということになります。

第6章　多次元宇宙

これまでお話ししてきたことは、宇宙は三次元空間と一次元の時間の四次元でできていて、しかも一つしかないということが前提になっていました。しかし、研究を進めていくと、どうやら宇宙は私たちが思っているものとは違う姿をしているらしいことがわかってきました。この章では、私たちが当たり前に思っている前提を疑ってみたいと思います。

宇宙は一つではない

多元宇宙という言葉はあまりなじみがないと思いますが、この言葉には大きく分けて二つの意味が込められています。一つ目は多次元の宇宙。次元というのは時間や空間の広がりを表すもので、私たちの目には宇宙空間は三次元に見えています。私たちは上下、左右、前後と三つの方向に動くことができるので、三次元空間といっていますが、実は、宇宙には私たちが気づいていない方向があるかもしれません。つまり、三次元以上の次元があるという考えを多次元宇宙といいます。

そして二つ目が多元宇宙。多次元と多元。文字が一つ違うだけで言葉の意味が大きく違ってきます。多次元宇宙は、宇宙空間に今まで知られていなかった次元があるということで、次元が増えても、宇宙の数は一つのままです。ところが、多元宇宙というと、宇宙がたくさんあるかもしれないという考え方なのです。私たちは、宇宙は一つしかないと思って生きてきたわけですが、もしかしたら、私たちが住んでいるこの宇宙は、たくさんある宇宙の中の一つで、この宇宙のほかにたくさんの宇宙があるかもしれないということをいっています。

まず、一つ目の多次元宇宙から話を進めていきます。そもそも、次元とは何かというところからおさらいをしていきましょう。私たちは日常生活の中で人といろいろな約束をします。例えば、友だちと映画を見ようという場合、待ち合わせをするわけですが、このとき、基本的に四つの数字が必要です。場所を東京都新宿区の映画館としますと、新宿駅から東へ四分、そして南へ三分というように目的地までの道のりがあります。ここで二つの数字が出てきました。目的地がビルの場合、もう一つ、ビルの何階という数字が必要になります。これで三つの数字が出てきました。

この三つの数字があれば、待ち合わせの場所を指定することができます。しかし、これだけでは友達と会うことができません。あと一つ大事な情報が抜けています。「いつ」という時間の情報ですね。今度の日曜日の一〇時と時間が決まっていれば、すれ違うことなく出会うことができます。これが四つ目の数字となります。

私たちがどこに行って何をするということを決めるときは、場所を示すのに三つの数字が使われて、もう一つの数字が時間を示すのに使われています。それで空間は三次元、時間は一次元、あわせて四次元時空といわれているのです。私たちはあまり意識をしていませんが、日常的に、

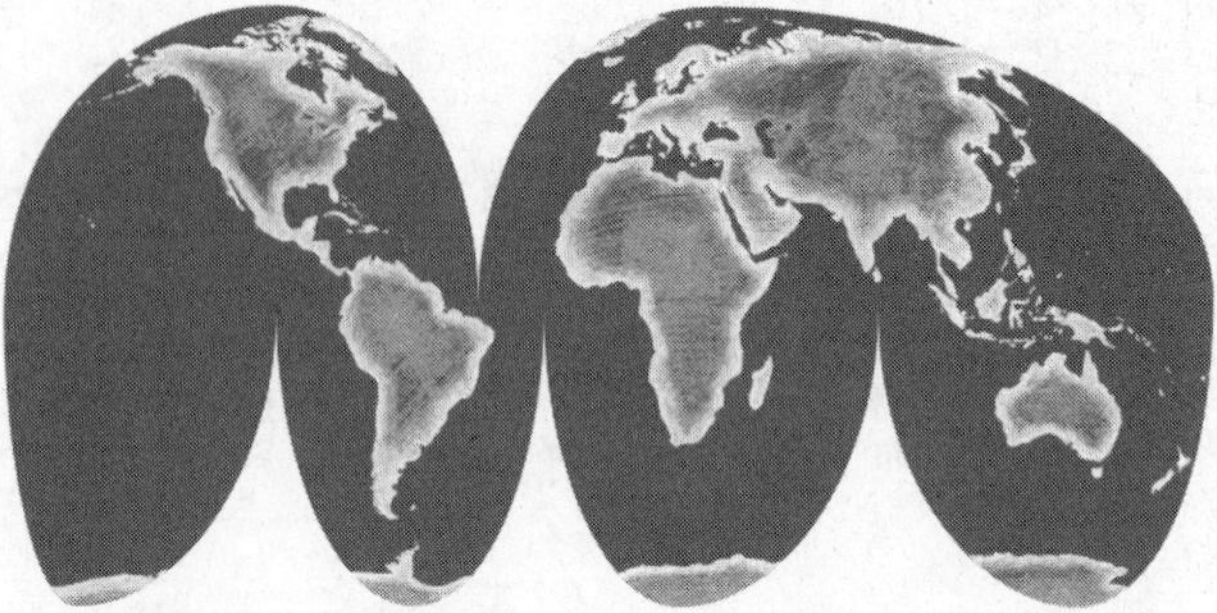

図6—1　球形を平面にする

三つの数を指定して場所を決めて、時間を示す一つの数を指定しています。他にも、次元をわかりやすく示す例として地図があります。地図は地球の表面を表しており、二つの数を指定すれば場所が決まります。そこにビルがあれば、さらに上にどれだけ上るかということで、三つ目の数が出てくるわけです。

曲がった次元を平らにする

また、地図は平面で表現されていますが、実際の地球の表面は丸くなっていて、平らではありません。地球表面は二次元の平面で表現できますが、本当は曲がった空間になっています。都市などの特定の地域だけだったら、平らだと考えても問題はありませんが、地球全体を考えると、曲がった空間を地図にしようと思うととても難しくなります。

地球は球形をしていますが、表面は二次元です。しかし、そのままの形では平面の地図にはなりません。世界地図を平面に描く作業は、みかんの皮を平面に伸ばすようなもので、まず、一ヵ所を切っただけでは平面にならず、たくさんの場所を切り裂かないといけません（図6—1）。私たちは世界地図をよく目にしますが、球の表面を無理やり平面に描こうとしてヘンなことをするわけです。

よく学校などで見かけるのはメルカトール法の地図です。しかし、この地図はある意味で誤解を招きやすいものです。この地図ではグリーンランドが上の方に描かれることが多いのですが、グリーンランドがとても大きくなっています。場合によっては南アメリカ大陸よりも大きく見えてしまうほどです。ただ、これはよく考えるととてもヘンだとわかります。グリーンランドは一つの島なので、南アメリカ大陸よりもはるかに小さいのですが、球の表面を無理やり平面で表現したので、像が歪んで大きくなってしまったのです。しかも、メルカトール法では北極点や南極点を描くことができません。メルカトール法は、地球の周りに円筒状に巻きつけた紙に対し、地球の中心に

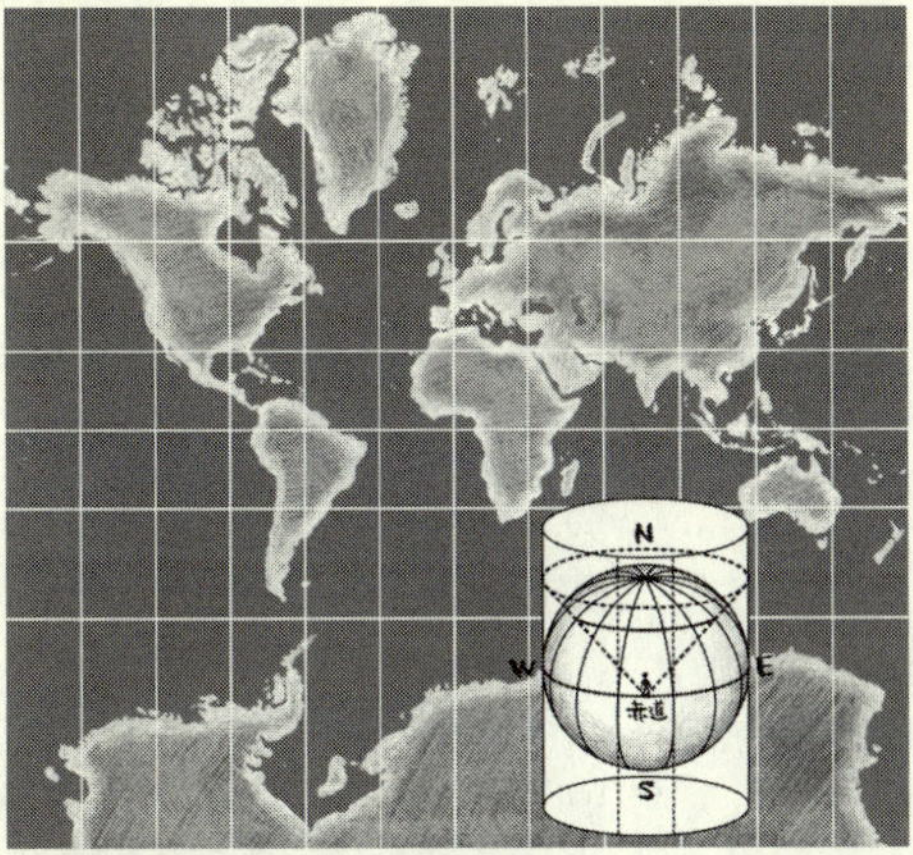

図6—2　メルカトール法　極に近づくにつれ、引き伸ばされる。

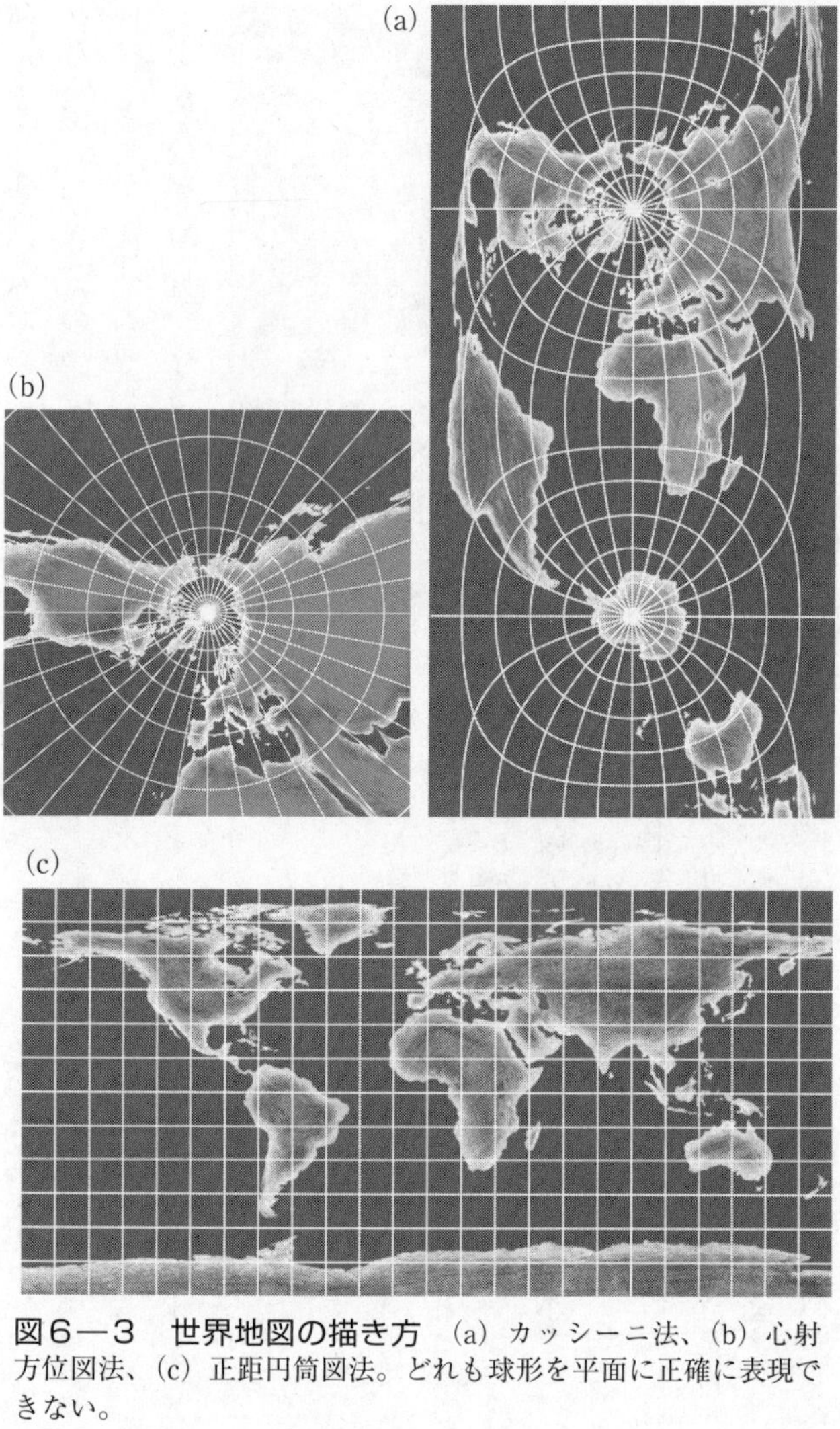

図6―3　世界地図の描き方　(a) カッシーニ法、(b) 心射方位図法、(c) 正距円筒図法。どれも球形を平面に正確に表現できない。

電球を置いて地表の地形を投影するように平面的に描かれています（図6―2）。ちょうど、地球の中心部分から表面を通る線を延長したものが紙につきあたる場所にその地形を描いていくので、赤道のあたりは本当の地形と紙に投射される形の大きさが同じくらいなのですが、緯度が高くなるにつれて大きく投影されてしまいます。円筒状に巻きつけた紙に投射するので、北極点や南極点と中心部分を結ぶ線は地軸の方向に進むのでいつまでたっても紙に当たることはありません。ですから、この方法では北極点や南極点を描くことができないのです。

メルカトール法以外にも、カッシーニ法、心射方位図法、正距円筒図法など世界地図の描き方はたくさんありますが、どれも地球表面をすべて正確に表現することはできません（図6―3）。一部分は正確でも、どこかが歪んでしまい、ヘンな形になります。曲がった空間を平面にしようと思うと、どのように変換しても何かしら問題が残るのです。

五次元時空

とにかく次元というものは、いくつ数を決めれば場所と時間がちゃんと決まるかという、その個数のことです。私たちが普通に感じている世界では、三つの数を示せば場所が決まり、時間は一つの数で決まるようになっています。全部で四つの数でこの世界の一つの場所を過去も含めて特定することができます。私たちは四つの次元を感じることができます。それに加えて、目に見

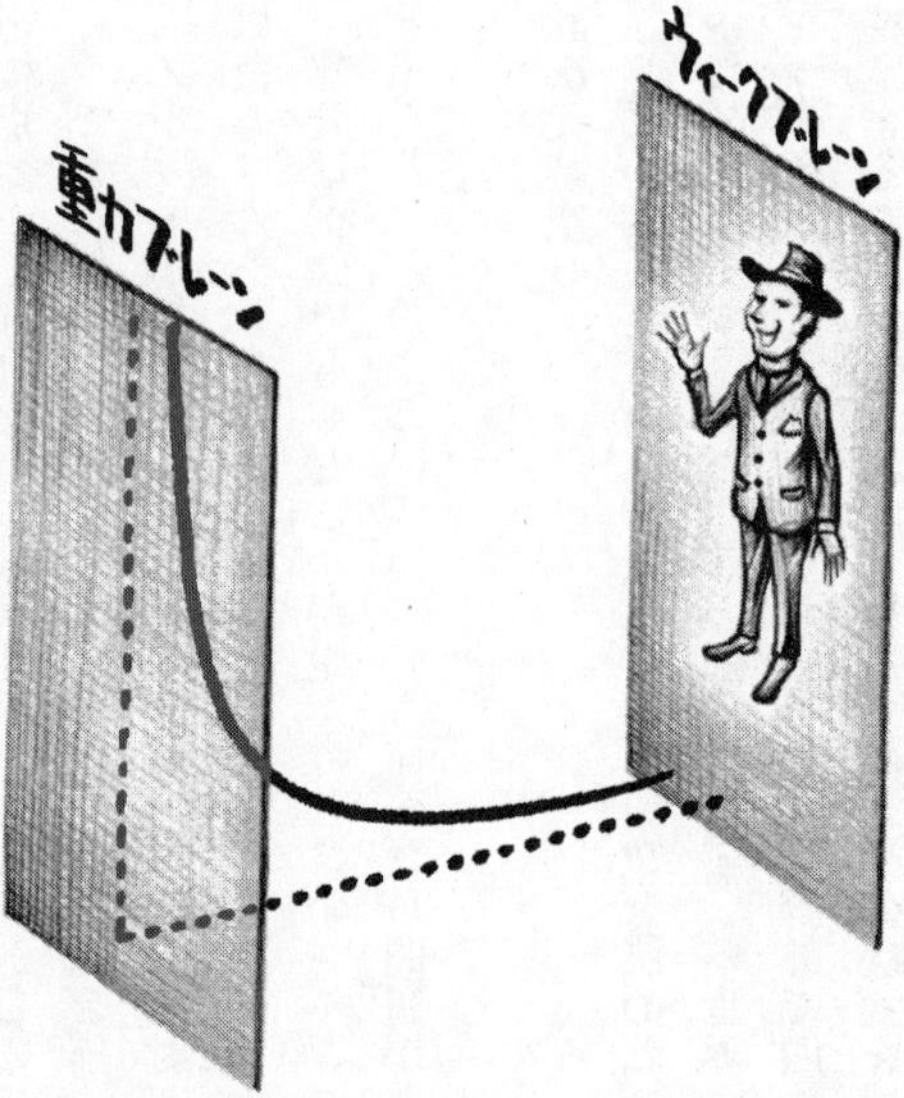

図6—4　5次元の時空　われわれの住む3次元の膜（ウィークブレーン）の外にはもう一つの膜（重力ブレーン）があり、それに時間を加えると5次元になる。

えない次元というのもあるかもしれないのです。

先ほど、新宿の映画館で待ち合わせをするときに新宿駅から東へ、南へ、上へ、そして時間と、四つの数字が必要ですといいました。ですが、映画を見るためにはもう一つとても大事な数字があります。それは料金がいくらかです。これは空間として目に見える数字ではありませんが、映画を見るためにはどうしても必要な数字ですね。これを知らないとせっかく待ち合わせたのに、映画を観られないかもしれません。

私たち人間が見たり感じたりすることができるのが三次元の空間と一次元の時間だけなので、この宇宙は四次元時空だと表現していますが、もしかしたら見えない方向というものがあるかもしれないのです。そして、その見えない方向が、この宇宙の成り立ちの大切なことを決めている可能性もあります。今から、目に見えて、実際に歩いたりすることのできる空間以外にも、別の方向があるのかどうかを考えていきましょう。

まず、私たちの住む三次元の空間がとても薄い膜の上にあると考えましょう（図6―4）。図では二次元の平面として描いていますが、この二次元の部分に私たちが住んでいるとしましょう（ウィークブレーン）。この中に、上下、左右、前後と三つの方向があります。しかし、膜の外を見てみると、三つの方向とは別の方向が存在します。そして、その方向にはもう一つの膜（重力ブレーン）があります。このようになっているとすれば、この宇宙は空間が四次元、時間が一次元となるので、全部で五次元時空となります。

目に見えない次元

三次元空間の外にもう一つの方向、次元があると聞くと、ヘンな感じがすると思います。しかし、これは現実的にあってもおかしくないものなのです。もし、二次元の世界に住んでいる人がいるとしましょう。二次元に住んでいる人にとっては、私たちが床に寝転がっていれば全身を見ることができますが、私たちが立ち上がってしまうと、急に消えたと思うでしょう。二次元の世界の人から見れば、前後、左右以外の三つ目の次元は見えないわけです。しかし、実際には上下という三つ目の次元は存在します。二次元に住む人からすれば三つ目の次元は異次元ですし、前後、左右以外にも上下に自由に動くことができる人は、異次元を移動することができるということになるわけです。

目に見えない次元のことを余剰次元ともいうので、余分なものというイメージがあります。余分な次元なので何の役に立っているのだろうと疑問がわきますが、目に見える次元に大きな影響を与えている可能性もあります。ところで、私たちが気づいていない次元があるのだとすれば、宇宙はいったい、何次元なのでしょうか。超ひも理論では一〇次元だと予言されています。私たちが知っているのは四次元時空なので、残りの六つの次元が私たちの知らない異次元だということになります。私たちはこの六つの次元の方向には行くことができませんが、実際に存在するのだと、超ひも理論ではいっています。

多次元宇宙の多次元は四つよりたくさんの次元がある宇宙ということで、言葉では割合簡単に表現できます。しかし、それを理解しようと思うと途端に難しくなります。まず、人間の頭では四次元以上の空間を想像することができません。二次元の世界の人たちから見れば、三次元の物体を想像できないのと同じです。

私たちが四次元の空間を理解するにはどうしたらいいのでしょうか。もう一度、二次元の世界に戻って考えてみましょう。二次元の世界では、三次元の物体は断面積のような形でしか見るこ

図６—５　４次元空間の影　４次元空間に光を当てて３次元空間にできた影を見ることができたなら。（Bruce L. Chilton 1999, Phys. Rev. Lett. 83. 4690）

とができません。しかし、その物体の上から光を当てれば、二次元の面に影をつくることができます。三次元の物体そのものを直接見ることはできませんが、その物体がつくる影であれば、二次元でも見ることが可能になります。それと同じように、私たちが想像することができない四次元空間も、光を当てて三次元空間にできた影を見ることができれば、どのような空間なのか想像することができるようになるかもしれません（図６—５）。ただ、四次元空間の影を三次元の世界に映すと、とても複雑なものになります。さらに三次元でも四次元でも地球表面のように空間が曲がっていると複雑さはもっと増します。ですから、多次元空間のことをしっかりと理解しようと思うと数学の言葉を使わないといけないわけです。

多次元宇宙は四次元、六次元と次元が上がるほど複雑さが増して、直感的な理解が難しくなります。ですが、次元が上がっても、基本的な部分は変わりません。私たちが友だちと待ち合わせをするときに、三つの数字で場所を決め、一つの数字で時間を決めるように、四次元の空間では四つの数字を決めればある一点が指定されます。六次元空間の場合は、決める数字は六つになるだけです。その部分は私たちが生活している三次元空間とまったく変わりません。違いは複雑さが増し、イメージするのが難しくなるということだけです。しかも、複雑になることは悪いことではないのです。複雑さが増すことで宇宙についての新しいアイデアも生まれてきています。このようなアイデアが多元宇宙へとつながっていくのです。

異次元はすぐそばにある

私たちの住む宇宙に三次元空間とは別の方向があるとしたら、どうして今まで気がつかなかったのでしょう。一番有力な理由は、三次元以外の次元はすごく小さいというものです。例えば、綱渡りをしている人がいるとします。この人から見ると、動くことのできる方向はロープに沿った向きしかありません。ロープを進むか戻るかだけです。この場合、ロープの端から二〇メートル先というように、数字を一つ決めてしまえば場所は決まります。綱渡りをしている人にとって空間の次元は一つだけです。つまり、この人は一次元の世界にいることになります。

それでは、ロープの上は本当に一次元なのでしょうか。もし、このロープの上にアリがいたとしたらどうなるでしょう。アリは体が小さいので、ロープに沿って動くだけでなく、ロープの径に沿ってグルグルと回ることもできます。したがって、アリから見ればロープの上は二次元の空間になるわけです。人間にとってはロープの径は小さいので、その方向に動ける次元があると気づくことはできませんが、アリは二次元だと気づくことができます（図６—６）。

つまり、人間の目では大きなものしか見えないので、三次元空間しか見ることができないということです。顕微鏡のようなミクロの視点で見ると、他の次元が見えるかもしれないというのが基本的な考え方です。

図６—６　アリと人間　人間には１次元のロープがアリには２次元に見える。

よく、三次元以外の異次元があるという話をした途端に、「そんなもの、ないじゃないか」「見たことないよ」という意見をいただきますが、異次元の方向というものが小さく丸まって曲がった空間であれば、人間が気がつかないだけだということなのです。私たちは三次元の空間しかないと思っていますが、本当に異次元があるかもしれないのです。

異次元があるかもしれないことを認めると、次に必ずされる質問が「どこにあるの？」です。その答えは、「どこにでもあります」ということになります。これはロープの例を考えればわかります。人間には動くことができなく

図6—7　数学者カルーツァ
数学的に異次元を予測。

て、アリが動くことができるもう一つの次元は、ロープの表面のすべてにありました。綱渡りをしている人がどこにいても、もう一つの次元は存在するわけです。しかし、その次元は小さいので気がつかないということになります。

これは私たちの住む三次元空間でもいえることです。この宇宙のどこに行っても、実は目に見えない小さな次元がはりついているのです。異次元は特別な場所にあるわけではなく、実は私たちのすぐそばにも、宇宙のかなたにもあります。宇宙のどこにでも異次元があるのですが、ただ、私たちが気づかないだけなのです。

力の統一に向けて

ここで一つ疑問として出てくるのが、なぜ、異次元があると考えられるようになったのかということではないでしょうか。宇宙に異次元があると言ったのは一九二一年の数学者テオドール・カルーツァが最初です（図6—7）。そして、一九二六年に物理学者のオスカー・クラインも異次元があると唱えました（図6—8）。二人が考えた異次元は三次元の空間、一次元の時間に加えて、もう一つだけ見えない空間の方向があるというものでした。彼らの理論では宇宙は五次元となります。

ここまで話をしてもまだ疑問は解決されていません。二人は、なぜ、異次元があると言ったのでしょうか。彼らは物理学の巨人、アインシュタインが成し遂げられなかった夢を実現させたいと思ったのです。その夢とは力の統一理論の完成です。アインシュタインは当時知られていた重力と電磁気力を一緒に説明できる統一理論が欲しいと思っていました。晩年の彼は、その統一理論の研究を進めていたのですが、結局、うまくいきませんでした。

アインシュタインの挑戦を知ったカルーツァとクラインは、五次元を想定すれば解決すると提案したのです。もし五つめの次元があれば、五次元の方向に向かっている重力が、私たちの目には電磁気力に映るのだと、彼らは主張しました。この理論は実際に数式を使って表すことができるのですが、最終的にはうまくいきませんでした。

図6—8　物理学者クライン
カルーツァ同様、異次元の研究をする。

理由は単純なことで、重力は電磁気力と比べてとても弱いものだからです。片方はすごく弱くて、もう片方がすごく強いという二つの力を同じように説明することが、なかなかうまくできません。そして、この計画は頓挫していました。実は、重力と電磁気力の統一は一九九八年まであまり進展しませんでした。その後、力の統一には多次元宇宙という考え方がとても重要だと考えられるようになってきたのです。

重力は微力

今、重力が弱いという話をしましたが、多くの人は重力の方が大きくて、電磁気力の方が弱いと思っているはずです。私たちは日常的に重力を受けて生活しています。重力があるおかげで、私たちが地球の表面にくっついていることができるわけですが、重力の大きさを思い知ることがあります。例えば、山登り。山登りは重力に逆らって標高の高いところに登って行くわけですが、重力があるおかげでとても大変です。山登りまでいかなくても、坂や階段を上ったりするだけで息が切れたりします。こんなに大変な重力が弱いといってもピンとこないと思います。

実際、重力は電磁気力と比べると弱い力なのです。私たちの体は原子でできています。原子の中には陽子と中性子があります。陽子は物体ですので、当然、重さをもっています。重さをもっているものは重力がありますので、引きあいます。でも、陽子はプラスの電荷をもっていますので、陽子同士はプラスとプラスで反発力が起きます。重力による引力と、電磁気力による反発力を比べると重力の方がはるかに小さいことがわかります。なんと、重力と電磁気力では大きさが三六桁も違います。重力の大きさを一だとすれば、電磁気力は一の後にゼロが三六個もついてしまうのです。一〇の三六乗ですから、一兆の一兆倍の一兆倍も大きさが違います。

数字でいってもあまりピンとこないかもしれないので、身近な例として、磁石を考えてみましょう。磁石は鉄などの磁性をもつものを引き寄せます。これは磁石と鉄の間に電磁気力が働くからです。例えば、机の上に置いてあるクリップの上から磁石を近づけると、クリップは机を離れて磁石にくっつきます。でも、よく考えてみると、クリップには地球の重力が働いています。クリップはただ机の上に置いてあるように見えるのですが、実は地球の重力に引っ張られているのです。重力がクリップを引っ張っているのでクリップは机の上に留まっていることができるのです。磁石を近づけてクリップが浮き上がるということは、巨大な地球が引っ張っている重力よりも、小さな磁石との間に生じる電磁気力の方が大きいということに他なりません。小さな磁石でも、地球全体から働く重力に軽々と打ち勝って、ものをもち上げることができるのですから、重力がいかに小さいかが想像できると思います。

重力は打ち消しあわない

ところで、なぜ、私たちは電気や磁石の力といった電磁気力が重力よりも強いと感じないのでしょうか。その理由は、電磁気力は互いに打ち消しあうことができるからなのです。私たちの体をはじめ、物質はすべて原子からできています。原子は真ん中に電気的にプラスになっている原子核があり、その周りを電気的にマイナスになっている電子が回っています。原子核や電子がバラバラにあれば、電気の大きな力が働きます。しかし、原子としてまとまっているときは、プラスの電荷とマイナスの電荷が打ち消しあって、全体でゼロになっています。したがって、外側から見ていると、電気の力が働いていることに気がつかないのです。

それでは、重力の場合はどうなのでしょうか。重力は引力しかないので、集まっても打ち消しあうものがありません。したがって、集まれば集まるほど重力は強くなります。人間の体でもそうですが、太陽、月、地球などの大きな天体でも、電気の力は全部打ち消しあってゼロになっていますが、重力は足し算しかないので、重力だけが残り、私たちは重力だけを感じるわけです。ですから、重力が大きいから重力を感じるのではなく、他のもっと強い力がすべて打ち消しあった結果、重力だけは強く感じるようになっています。もともとはお金をたくさんもっているのに、たくさん買いものをして、おつりとして残っている重力だけを感じているといった状態なのです。

少し脇道にそれてしまいましたが、重力はとても弱い力なので、重力と電磁気力を一緒に説明するような統一理論をつくりたいというアインシュタインの夢を実現するためには、最初に、なぜ、重力はこんなに弱いのだろうかという疑問を解決しなければなりません。

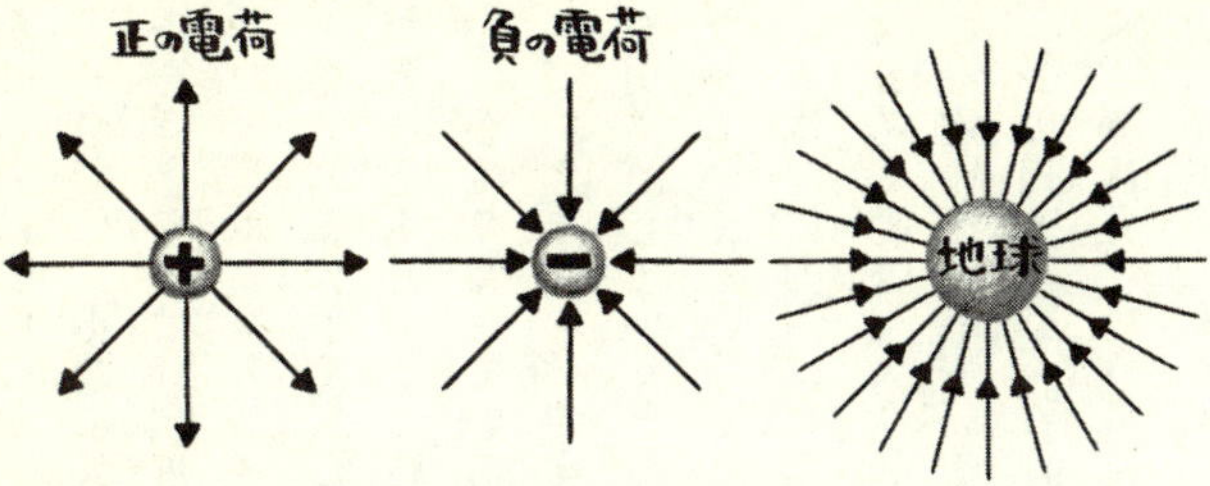

図6—9　力線　原子核や電子の近くでは、矢印の密度は高く力は強いが、遠く離れるにつれだんだん弱くなる。

力の強さを考えるときに重要なのが力線です。学校では、磁石のN極からS極に向けて矢印が描いてある図を見たことがあると思うのですが、あれは磁力を表した磁力線です。電気の力も重力も磁力と同じように矢印で表すことができます。この矢印がたくさん集まっている場所は力が強くなります。原子核や電子の近くはこの矢印の密度が高くて力が強いのに対し、遠くに行くと密度が低くなり力が弱くなります（図6—9）。ですから、近くに行くと反発力や引力が強くなり、遠くになると力はあまり働かなくなります。

これは重力も同じです。地球のすぐそばは力線が多いので重力が強く働きますが、離れれば離れるほど、地球に引っ張られる力は弱くなってきます。ですから、打ち上げられたロケットが遠くに行けば行くほど、だんだんと重力から自由になっていき、無重力状態になるのです。

なぜ重力は弱いのか

それでは、本題に入り、なぜ重力が弱いのかという問題を考えていきましょう。実は多次元宇宙を考えていけば、重力が弱いことをうまく説明できるのです。このアイデアを提唱したのは、ニマ・アルカニ・ハメドという人で、私がバークレー校で学生を教えるようになったときに、初めて一緒に仕事をした大学院生が彼でした。私たちが暮らしている三次元空間を膜のようなものだと考えると、その周りにあるのが異次元ということになります。電磁気力はこの三次元空間の中にへばりついているので、二つのものを離していっても、三次元空間の中だけでしか強弱がついていきません。ですが、重力は異次元の方向にも出られるとすればどうでしょう。二つのものを引き離していくと、重力は三次元方向だけでなく、異次元の方向にもにじみ出ていくので弱くなっていくということが起きると考えられます。これが彼の考えた理論です。

異次元に力がにじみ出るのであれば、確かに重力と電磁気力は、元々同じような種類のものなのかもしれません。電磁気力は三次元空間にへばりついていて、重力は異次元にもにじみ出るという違いを認めていくと、両者の力の強さの違いが説明できるようになります。

この理論が発表されたのは一九九八年のことです。たくさんの研究者に衝撃を与え、それ以来、異次元という考え方は宇宙論の中で盛んに議論されるようになりました。彼の言っていることは単純で、私たちの宇宙は多次元空間なのだけれども、私たちは三次元の膜の上に住んでいる

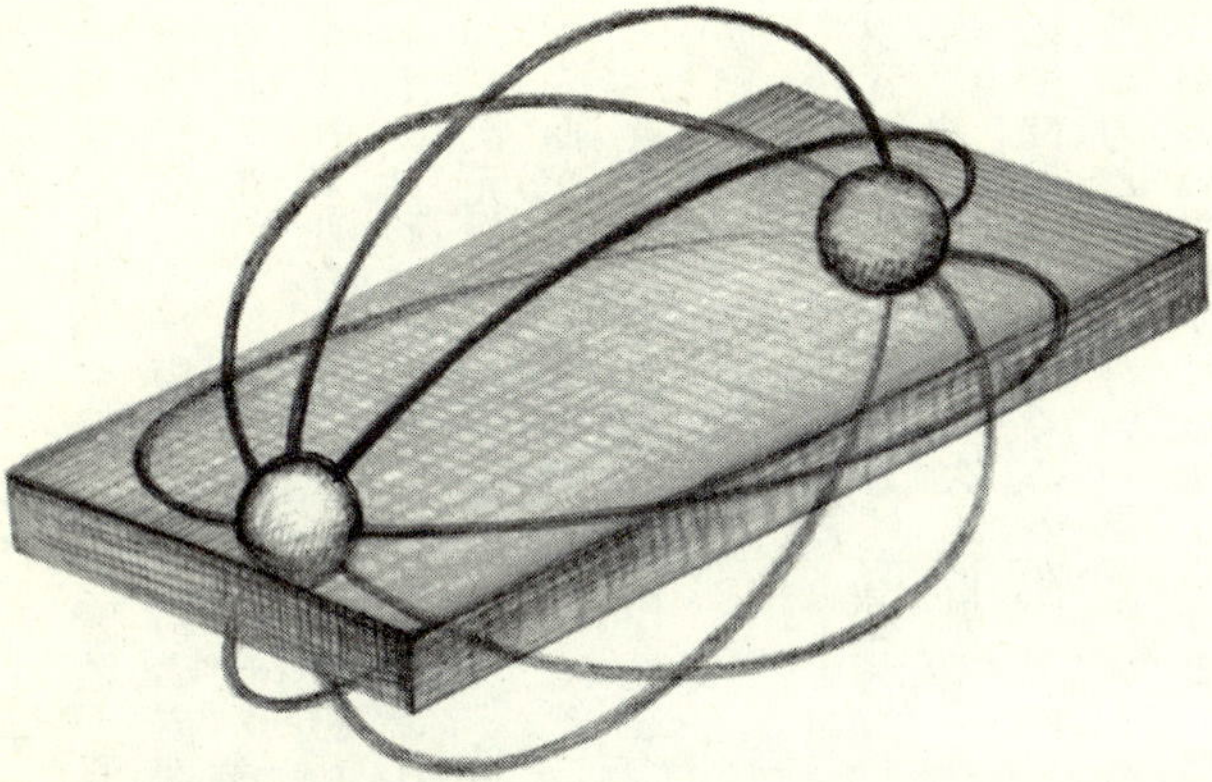

図６―10　ブレーン宇宙　宇宙は多次元空間からできていて、われわれは３次元の膜（ブレーン）に住んでいるという考え。

ということです（図６―10）。その膜はブレーンと呼ばれています。脳みそのブレイン（brain）ではなく、膜という意味の英語のメンブレン（membrane）から、メンの部分を取ってブレーンといっています。

それでは、ブレーンの外側にあるという異次元は、どんな大きさでどんな形をしているのでしょうか。その部分をしっかりと決めないと、それ以上、研究が進みませんので、まずは、一番簡単な場合を考えることにしました。平らな異次元です。ただし、普通に平らなのではなく、小さく丸まっているけど、曲がっていない異次元です。

私たちの感覚では、そのようなものはないのではと思ってしまいます。小さく丸まっているのだったら曲がっているはずだと。ですが、実はそういうものを考えることはできます。例えば、ドーナツの表面はどうでしょう。ドーナツの表面は、外から見れば曲がっています。内側から見ても、当然、曲がっています。どこから見ても曲がっていますが、ドーナツ形に切れ込みを入れたらどうでしょう。縦の方向と横の方向に切れ込みを入れると、表面は長方形になります。逆に、長方形を丸めて、曲げればドーナツ形をつくることができます。

つまり、長方形とドーナツ形はお互いに変換することができるのです。言い換えると、長方形とドーナツ形は同じといえます。これはにわかに信じることができないかもしれません。もちろん、三次元空間の中ではうまくできません。しかし、四次元の空間の中でドーナツ形をつくると、表面が平らなドーナツをつくることができます。長方形に変換できるのですから。こう考えると、丸まった空間でも平らな面をつくることができるのです。その平らな空間を使って考えるのが、一番簡単な場合です。

異次元ににじみ出る重力はあるか

次に、一番簡単な異次元世界で、重力をはじめとする力を統一することを考えてみます。この段階で問題になってくるのが、どのくらいの距離で力の統一ができるのかということです。重力が他の力と同じくらいの強さになると力の統一ができるので、それが起こる距離を探していきます。顕微鏡や加速器を使って今まで調べていた距離は一〇のマイナス一七乗（10^{-17}）メートルくらいの距離までなので、このあたりで統一が起こると仮定すると、重力だけがにじみ出ることのできる異次元の大きさを計算することができます。もし、異次元が一つだけという場合は、一つの次元の大きさが一〇の一三乗メートル（一〇〇億キロメートル）になります。地球から太陽までの距離が一億五〇〇〇万キロメートルですから、その一〇〇倍程度の大きさです。このくらい大きいものだと、私たちの目に見えないとおかしいことになります。

それでは異次元が二つある場合を考えてみるとどうでしょう。このとき、重力と他の力が統一できると仮定すると、一つの次元の大きさが〇・一ミリメートルになります。このくらいの大きさになると肉眼では見えなくなりますので、目に見えないという条件に近くなってきます。このように考えていくと、異次元は次元の数が多くなればなるほど、小さくても存在できることになります。〇・一ミリメートルは身近な物体よりも小さいので、このくらいの大きさであれば、その次元があっても肉眼では気づくことができません。したがって、三次元の空間と一次元の時間以外の異次元は、二つ以上の次元があれば、存在してもいいということになります。

実際に、異次元があるとして、その異次元では重力はどのように見えてくるのでしょうか。例えば図６―11は異次元に作用する重力の力線を描いています。薄い膜の中が、私たちが見ることのできる三次元の世界、膜の外が異次元です。離れている二つのものの間に力が働いたときに、重力は三次元の世界だけでなく、異次元にも伝わって、すべての方向に矢印がにじみ出てきま

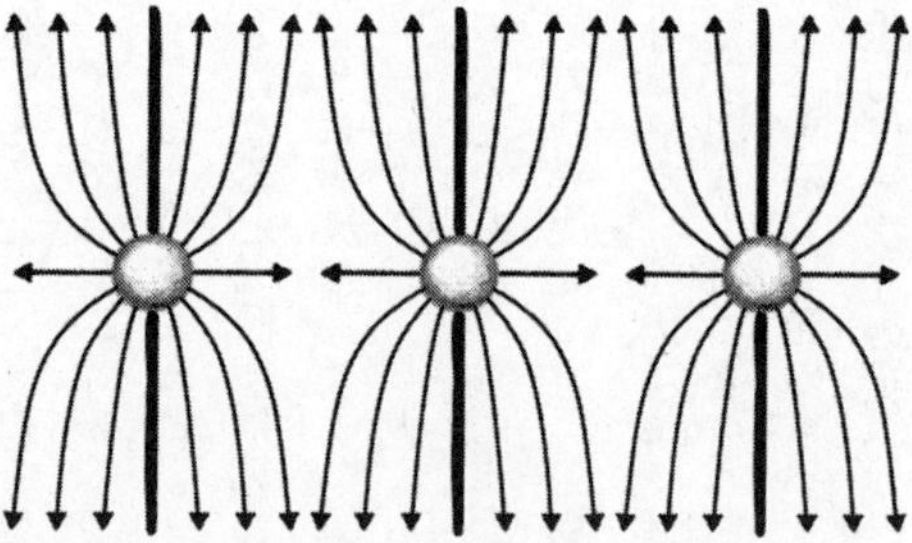

図6—11　異次元の中の重力　薄い膜（図中の太い縦線）の中にわれわれの住む３次元の世界があると、重力はこの３次元とは異なる次元ににじみ出ている。

す。この矢印を見てみると、物体との距離が異次元の大きさに比べて近いときは、離れれば離れるほど、力がどんどん弱くなります。しかし、異次元の大きさよりも離れると、矢印の散らばりが一定になるので、力があまり弱くならないということが起こります。

重力はものを引き寄せる力をもっています。ふだん、私たちが感じている重力は、物からある程度離れたときのものを見ているので、他の力よりも弱く感じるのです。したがって、物からもっと近い距離で重力を測定することができれば、異次元の世界に伝わっている分の重力を測定することができたり、異次元そのものを見つけることができるかもしれません。今、世界中でたくさんの研究者がそのことを調べる実験に取り組んでいます。

第7章　異次元の存在

宇宙は私たちが知っている四次元時空の他に異次元があるかも知れないという話を前章でしました。ですが、異次元の存在は、まだお話だけで、実際に異次元を見たり捕まえたりした人は、まだいません。この章では、現在、計画されている異次元探しの実験を紹介します。

異次元にしみ出す重力

異次元を探る実験はいくつか提案されています。一つ目は、精密に重力を測定する装置を二つつくり、それを近づけていくというものです。この方法では今のところ、異次元の証拠となるような重力の変化は見つかっていません。裏を返せば、異次元の大きさは髪の毛の太さよりも小さいということが実験からもわかってきたといえます。

二つ目は粒子加速器を使う方法です。粒子加速器はとても大きな装置です。一周二七キロメートルのトンネルを掘り、その中に五階建てのビルよりも大きな測定装置を数ヵ所に設置します。これがスイスのジュネーブ郊外にあるＬＨＣという装置です。トンネルの中で二つの陽子を加速させ、光の速さに近い速さにしたところで正面衝突させるというものです。とても小さな異次元の存在を調べるのに、五階建てのビルよりも大きな装置をつくらないといけないというところがなんだか逆説的な感じはしますが、この装置は二〇〇八年から運転が開始されています。

このＬＨＣを使っておこなう素粒子実験の一つがアトラス実験です。アトラス実験は日本からも研究者が参加していて、装置の一部を製作して提供したり、陽子を衝突させたときの様子を、コンピュータで詳しく調べたりしています。それでは、アトラス実験で異次元を調べる方法を見ていきましょう。

加速器で高いエネルギーにした粒子をぶつけたときのことを考えてみます。電磁気力や普通の物質は三次元の膜に貼りついたままですが、重力は異次元の世界にしみ出すことができます。粒子を高いエネルギーでぶつけ、その一部が異次元の世界に出ていってしまうと、見かけのエネルギーが減ったように見えます。そのエネルギーの減少を探そうというものです。アイデアとしてはとても簡単な話です。

もし、エネルギーが異次元の世界に、重力の形で放出されるのであれば、粒子を衝突させる前と後のエネルギー量が合わない、つまり、エネルギー収支が合わないというヘンな現象が起こるわけです。その収支が合わない部分を実験の中から探していくことになります。しかも、それだけではなく、もっと劇的な現象が起こるかもしれないという期待もあります。短い距離でエネルギーが高くなると、重力は他の力と同じくらいの強さになります。どんどん距離を短くしていけば、重力も強くなるので、極端な場合、ブラックホールもつくれるのではないかと期待されています。

つまり、加速してエネルギーを高くした粒子を衝突させるとブラックホールができてしまうかもしれないのです。

ブラックホールが異次元の証

こういう話をすると、「ブラックホールをつくると危険なのではないか」と必ず質問されます。宇宙で観測されるブラックホールは、周りの物質を飲み込んでしまいますし、飲み込まれた物質は二度と出てくることはありません。ですから、LHCの実験でブラックホールをつくってしまったら、地球を飲み込んでしまうのではないかという噂が流れたのです。しかも、「こんな危険な実験はやめろ」と差し止め訴訟を起こす人まで出てきたのです。

しかし、この話はまったくの誤解で、LHCの実験は安全性に問題はありません。確かにブラックホールができる可能性があるのですが、とても小さいものなので、できた途端に蒸発してしまいます。これは著名な物理学者であるホーキング博士がかなり前に予言していることです（図7―1）。

ブラックホールは真っ黒な死の天体だというイメージが強いと思いますが、ホーキング博士によると、ブラックホールは熱をもっているというのです。熱をもっているということは少しずつ熱を外に出していることになります。熱が出るということはエネルギーが減ることを意味しているので、エネルギーが減り続ければいずれは蒸発してしまうと、ホーキング博士は言いました。

しかも、ブラックホールが小さければ小さいほど、温度が高く、速く蒸発することを計算で示しています。

もし、ＬＨＣの実験でブラックホールができれば、異次元が実際に存在するというとても大きな証拠になります。たとえブラックホールができたとしても、エネルギーの高い粒子を放出して、すぐに蒸発してなくなってしまいます。高いエネルギーの粒子が放出されることによってブラックホールができたことはわかりますが、すぐに蒸発してしまうので、地球を飲み込むことはありません。

ＬＨＣ実験でブラックホールをつくることができれば、異次元があることは確認できます。ですが、詳しいことまではわかりません。異次元の詳しい性質を調べるために期待されているのが、リニアコライダーという別の種類の粒子加速器を使った実験です。

図７—１　蒸発するブラックホール　ブラックホールも熱をもっているので、熱を放出してエネルギーが減り続ければ蒸発してしまう。（NASA）

リニアコライダーの実験

リニアコライダーの実験では、陽子ではなく電子と陽電子を使います。電子は原子の周りをグルグルと回っているもので、陽電子は電子と重さや大きさが同じで電気的な性質だけが逆になっている粒子です。この二つの粒子を加速してぶつけるというシンプルなものです（図7―2）。ですが、これは今までの加速器実験と比較してものすごく精密な技術が要求されるハイテク実験なのです。

リニアコライダー実験では、電子の集団と陽電子の集団をそれぞれ二〇キロメートルほど加速させてぶつけるのですが、最後に原子一〇個分くらいの大きさ、つまり髪の毛の太さの一万分の一くらいの大きさにまで絞って、それを衝突させるというものです。二〇キロメートルもの距離を加速させ、とても小さな範囲で衝突させるという信じられないくらい細かいことをしようというのです。少しのずれも許されない精密性が要求されます。この実験はまだ計画段階ですが、実現すれば異次元の性質などの細かいデータが得られるはずです。日本もヨーロッパもアメリカも一生懸命誘致をしていますが、今のところ、どこに建設されるのかは決まっていません。

リニアコライダー実験では、電子と陽電子をぶつけて、その前後でエネルギーが合わないケースを探していきます。重力が異次元にエネルギーをもち去ってしまい、エネルギー収支に差ができるためです。そして、ぶつけるエネルギーを変化させながら、この実験をおこなっていくと、私たちの宇宙は何次元なのかがわかってきます。すでに私たちの宇宙は四次元の時空があることがわかっていますから異次元がいくつあるかで、私たちの宇宙の本当の次元の数がわかります。

リニアコライダー実験では、エネルギーを変化させると次元の数によって、エネルギー収支の合わない現象が起こる頻度が変わってきます。その頻度を調べることで、次元の数がわかるように

図7―2　リニアコライダー　電子と陽電子を衝突させて重力の振る舞いを観測する。(AAA)

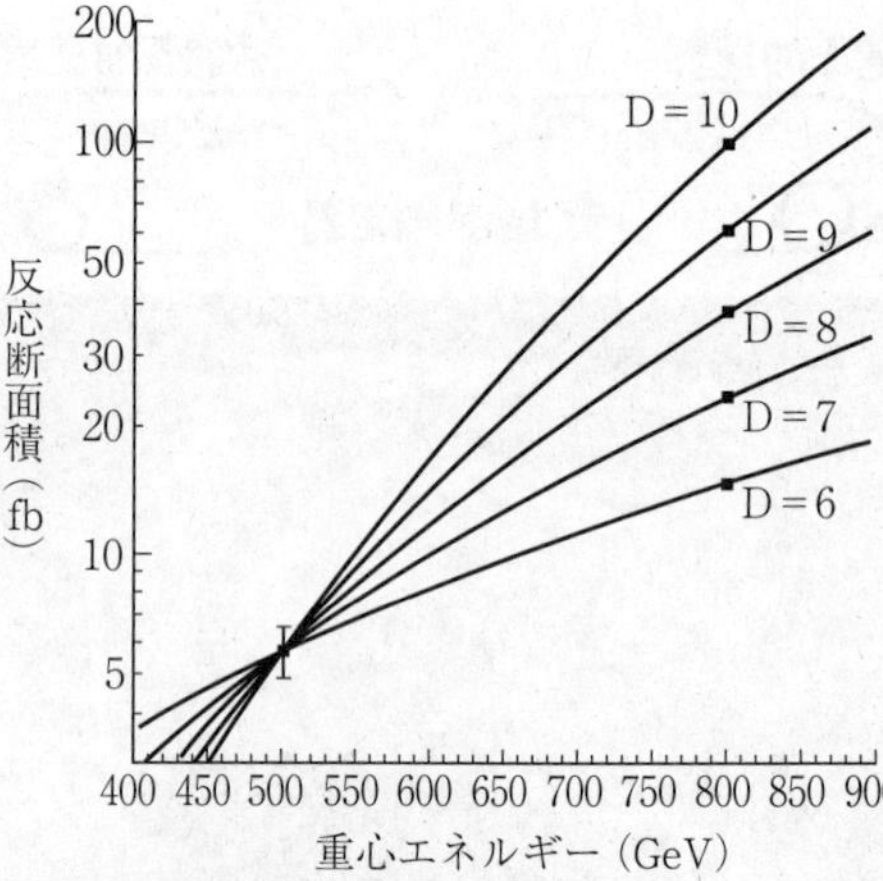

図7—3　異次元の存在を突き止める　エネルギー収支の合わない現象の頻度から、次元の数（D）と異次元にしみ出す重力を予測できる。

なります（図7—3）。

そして、実験を通して、異次元を見つけることができたら、その異次元がどのような形をしているのかも、実際に計測することができるようになるでしょう。

ワープする宇宙

今まで異次元が平らな場合に限って話をしてきましたが、平らである保証はどこにもありません。では、異次元が曲がっている場合はどうなのでしょうか。これから曲がった次元について考えていきます。ここでもやはり三次元の膜を考えます。私たちの住んでいる三次元の膜の他にもう一つ、三次元の膜があるとしましょう。この二つの膜の間に異次元が広がっています。この異次元は私たちの住んでいる三次元の世界では小さかったものが、もう一つの三次元の世界の方に近づくにつれて空間の大きさが広がったりします。こういう効果のある異次元のことを曲がった異次元といいます。私たちの住む三次元に一〇円玉を置いたとして、異次元を通ってもう一つの三次元空間に行くと大きく引き伸ばされて太陽系よりも大きくなってしまいます。

このアイデアを提唱した人の中で一番有名なのが、アメリカの物理学者リサ・ランドール博士です（89ページ参照）。彼女には『ワープする宇宙』という著書があります。ワープというと『宇宙戦艦ヤマト』や映画『スター・トレック』を思い浮かべてしまいます。宇宙は広大なので、普通に飛んでいたら目的地に到着するのに何万年とかかってしまいます。そこで、ワープすれば一瞬で遠く離れた場所まで行けるというお話です。このワープという言葉は、実は学術用語でもあるのです。異次元の空間が本当にグニャグニャと曲がっていたら、三次元空間に沿って遠回りをするよりも早く行けるのではないかという考え方をワープというのです。ですから、ワープというのは空間が曲がっているということを指している言葉で、宇宙戦艦ヤマトがワープできるのも、異次元空間が、もしもグニャグニャと曲がっていたら、近道がありますよという話なのです。

ワープしている宇宙にはどのようなものがあるのでしょうか。その例を挙げてみましょう。一つの三次元空間の膜に私たちがいるとします。そして、もう一つ別の三次元空間の膜がありま す。重力はその間の異次元空間を動くことができますので、異次元空間のいたるところで見ることができます。仮に重力の源がもう一つの三次元空間にあり、私たちのいる三次元空間で見ることのできる重力はその一部分だけだったとします。もう一つの三次元空間では大きな重力も、私たちのいる方ではすごく小さくなってしまうということはあり得ることなのです。

重力源のある別の三次元空間では重力が強くて他の力と統一できるけれども、私たちの住んでいる空間では重力がすごく弱くなっていて、電磁気力と比べるととても小さいということが起きてもいいということです。このように考えることでどうして重力が弱いのかが説明できるのではないかというのが彼女の理論です。

この理論のいいところは、異次元をとても小さいものにすることができるところです。異次元が小さいと、重力の大きさも劇的に変化しますので、ある意味で効率のいい方法になるのです。原子核の大きさよりも一万分の一くらい小さい異次元空間でも重力の変化の度合いが大きいので理論的につじつまが合うことになります。これがワープした空間の強みです。

異次元空間は不確定なもの

ただ、異次元空間が原子核の一万分の一くらいの大きさしかないとしたら、ミクロの世界の物理法則を考える必要があります。この宇宙にあるものやエネルギーはいくつかの物理法則にしたがって行動します。私たちの目で見えるくらいの大きさのものはニュートン力学でだいたい説明することができます。

ただ、物体が光に近い速さにまでなったとき、ニュートン力学では説明できない現象が起こります。巨大な重力の周りで起こる現象もそうです。その部分をうまく説明してくれるのがアインシュタインの相対性理論です。相対性理論の登場で、ニュートン力学は相対性理論の中のある特別な状況であるという理解が進みました。

そして、顕微鏡などで小さなものが見えてきたり、原子や電子などの操作ができるようになってくると、ミクロの世界の物理法則が明らかになってきました。ミクロの世界の物質の動き方を説明する理論は量子力学というものにまとめられています。ただ、量子力学が示す物質の動きは、私たちが日常生活で経験することのなかったり、おかしいなと思うようなものだったりもします。異次元の空間も、原子よりも小さいものであれば、この中で動く粒子、力、波などは、量子力学の法則に従います。ここで、量子力学とは何か少し復習しておきましょう。

量子力学の基本原理に不確定性原理があります。この原理のおかげで、ミクロの世界では、電子などの小さな物質の場所と速さを同時に決めることができません。私たちが活動する世界では、あるものの場所と速度を同時に求めることができます。車や電車、飛行機なども、どこをどのくらいのスピードで動いているのかわかりますし、地球をはじめとする太陽系の天体も、場所と速さを同時に知ることができます。

ただし、ミクロの世界では、運動する物質の場所と速さを同時に求めることができません。場所を決めると速さがぼやけてしまいますし、速さを決めると場所がよくわからなくなってしまいます。また、ある実験をしたときに、どのような結果が出るのかは一回ごとに予言ができません。これは実験をしたときに、どのような結果が出るのかは、一回一回違って、予言できないというものです。しかし、何回も実施していると全体的にどういうパターンになるのかがイメージできます。そして、波だと思っていたものが粒子であったり、粒子だと思っていたものが波だったりと、禅問答のようなことも起きてくるのです。

不確定性があるから存在できる

不確定性原理は波ととても深い関係があります。波は広い場所にいるときは小さくて穏やかなのですが、狭い場所にいくと背が高くなります。つまり、波は狭い場所に閉じ込めると大きくぶれるという特徴があります。量子力学の世界では、電子のような粒子も波のような振る舞いをすると考えられています。粒子の中にも波のような性質があるとすれば、小さいところに押し込めようとすると激しくぶれます。ですから、場所を決めようとすると運動がわからなくなりますし、運動を決めようとすると場所がわからなくなります。私たちの感覚では、粒子ははっきりと場所がわかって、どちらの方向に向かって運動しているのかがわかるものを想像してしまいますが、ミクロの世界では、波のように、ちょっとファジーに広がったようなものというイメージに

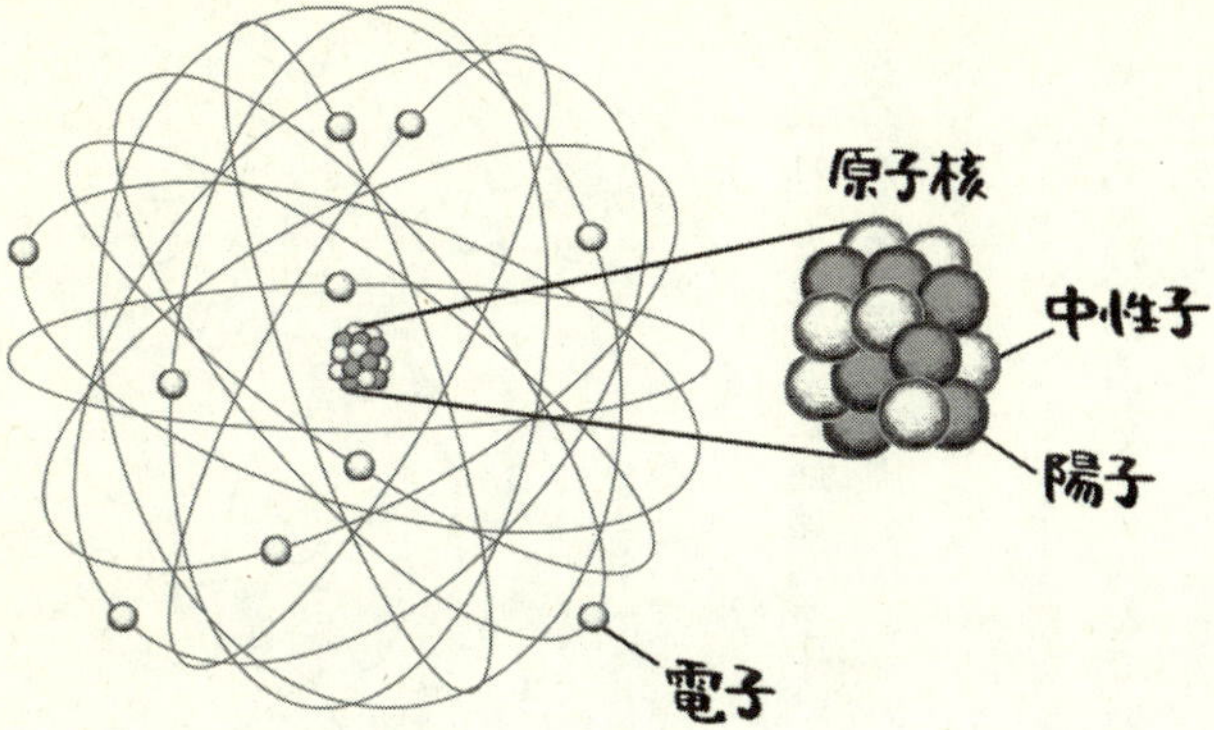

図7―4　原子の構造

なるのです。

ところで、波を二つ重ねると縞模様ができます。よく知られている例としては、印刷やコンピュータグラフィックなどで見られるモアレやニュートンリングなどがあります。ふつう、粒子はこのような縞模様をつくらないと思われていますが、粒子であり波でもある電子は縞模様がちゃんとできます。これは実験でも確かめられています。電子を一つ一つ飛ばして検出器に当てていくと、はじめはポツ、ポツとバラバラな場所に当たっているように見えるのですが、たくさん当てていくうちに、だんだんと縞模様が見えてきます。一つ一つの電子がどこに当たるのかは予測することはできません。しかし、たくさんの電子を打ち込むことで、波に特有の現象である縞模様のパターンが浮かび上がってくるのです。

原子は原子核と電子でできています。原子をより詳しく見ていくと、電子が原子核の周りをグルグルと回って

図7—5　粒子と波の二面性　電子は波として原子核の周りを一周して元の場所に戻る。そのため原子は潰れずに存在できる。

いるのです（図7—4）。回っているということは、電子は常に運動の向きを変えていることになります。電気をもったものが運動の向きを変えると光が出ることになるのですが、電子が原子核の周りで光を出してしまうと少し困ったことになってしまいます。光を出すということは電子のもっているエネルギーが減少してしまうことになるので、どんどん原子核の方に引っ張られて、最後には原子核とぶつかって原子そのものが潰れてしまいます。これでは私たちの体は一秒ももたずに崩壊します。

ちなみに、原子一個をリンゴの大きさまで拡大すると、リンゴの大きさが地球くらいの大きさになります。原子はとても小さいので、ミクロの世界の量子力学が効いてきます。それゆえに電子は波だということが重要になってきます。

私たちの体が潰れずに済んでいるのは、実は量子力学のおかげなのです。量子力学の世界では電子は潰れないようになっています。私たちの感覚では、原子核の周りを回る電子は粒状なので、グルグル回っているうちに光を出して、原子核の方に引っ張られていき、潰れてしまうことになります。しかし、量子力学では電子は粒子の性質と波の性質をもち合わせていることになっています。ということは、電子を原子核の周りに置いてやると、原子核の周りに円状に波を描きます。この波は一周して元の場所に戻ってこないといけません。そうしないと、ずっと原子核の周りに波として存在することができなくなるからです。その条件をつけると、波打つ回数が決まり、その回数によって原子核の周りを回る電子の軌道が決まってきます。その軌道をどんどん小さくしていくと、あるところでこれ以上小さくならないようになります（図7―5）。

とても小さな電子には、粒子と波の二面性があるために、波としてきちんと一周して元の場所に戻るために最小軌道が決まっています。そのために、原子は潰れずに存在できるわけです。

異次元の中の暗黒物質

原子が潰れないという話は、実は異次元の話につながってきます。異次元はとても小さいと考えられているので、この中を動く粒子も小さいものです。したがって、量子力学のいう粒子と波の二面性が効いてきます。粒子の波は、ギターの弦が振動するのとよく似ています（図7―6）。ギターの弦を指で弾くと振動して音を出します。このとき、弦の長さを変えると音の高さも変わります。ギターの弦を押さえて、振動する部分を短くすると音は高くなり、長くすると低い音が

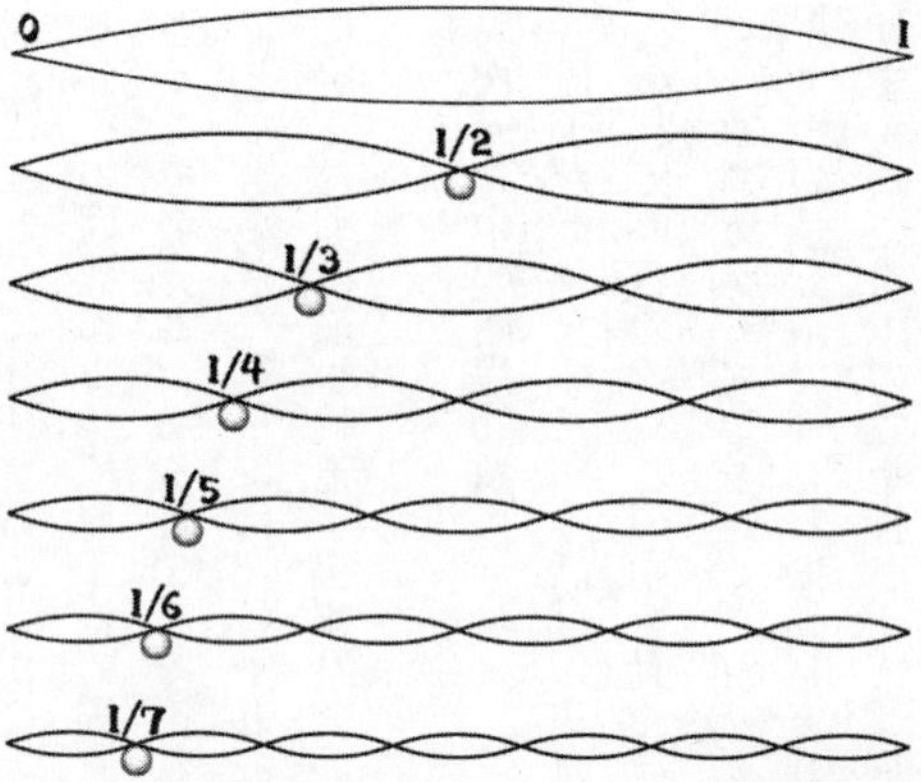

図7—6　粒子の中の波とギターの弦の振動

出ます。ギターの弦はしっかりと押さえなくても、音が変わる場合があります。押さえるのではなく、弦に軽く触れるだけでいいのです。ハーモニックスといいます。

例えば、弦の真ん中に触れれば、真ん中が動かないので二つの波ができて震えます。弦を押さえると一つの波の長さは短くなるので、音が高くなります。触れる場所を$\frac{1}{2}$、$\frac{1}{3}$、$\frac{1}{4}$とずらしていけば、音はどんどん高くなります。弦を押さえると振動する弦の長さが変化して音の高さが変わります。それに対して、弦に軽く触れたときは振動する弦の長さは変わりませんが、振動したときに起こる波の長さが変わってくるので、いろいろな高さの音を出すことができるのです。

振動する長さが変わらなくても、いろいろな音を出せるという性質は、ギターの弦だけでなく、異次元にも当てはまります。異次元の大きさが決まっている場合、その中を動いている粒子も波の性質をもっています。したがって、波打つ回数が一回の場合、二回の場合、三回の場合など、それぞれの場合によって運動のしかたが決まっているのです。つまり、異次元の世界では、その中の粒子はバラバラに動くことができません。粒子も波として存在するので、エネルギーは連続しておらず、飛び飛びの値をとります。異次元の粒子は波打つ回数が多くなればなるほど高いエネルギーをもちます。一番エネルギーが低いのが波を一回分だけつくる粒子です。

私たちは異次元の世界を見ることができません。もし、私たちが異次元の世界で動いている粒子を見たとしたら、この粒子は止まっているように見えます。しかし、この粒子は異次元で動いているのでエネルギーが高いのです。

ここで思い出してほしいのがアインシュタインの導いた$E=mc^2$という式です。この式は、エネルギーと質量は交換できると言っています。大きなエネルギーは質量、つまり重さに置き換えられますので、何もしていないのにエネルギーが大きな粒子は、私たちの目から見れば重い粒子と映るのです。つまり、異次元で運動している粒子は、運動しているエネルギーの大きさによって、重さが変わります。しかもその重さはどのような値を取ってもいいわけではなくて、一定の規則性をもった飛び飛びの値になります。そのような粒子がたくさんあるように見えます。

ここで宇宙の話に戻りますが、今、注目されている考え方は、異次元を運動している粒子が宇宙の暗黒物質、ダークマターではないかというものです。異次元を運動している粒子は、私たちの目からは止まっているのに大きなエネルギーをもっている、つまり、重い粒子に見えます。暗黒物質は、私たちの目に見えない重い粒子なので、異次元を運動している粒子だと考えると、つじつまが合う部分があります。今、暗黒物質を捕まえようといくつかの観測計画が動いていますす。まだ暗黒物質はどんなものなのかわかりませんが、もしかしたら異次元の世界を運動している粒子かもしれないのです。

質疑応答

質問：ブラックホールと暗黒物質は、どうやって区別をつけるんですか？

村山：暗黒物質の候補として、見えない星が考えられていたこともありましたが、いくつかの実験から暗黒物質は原子でできてはいないことがわかりました。今では、見えない星といえば、ブラックホールのことを指します。暗黒物質の正体を研究する過程の中で、ちょっと小さめのブラックホールが暗黒物質ではないかと思われたこともありましたが、今はそれは違うということがはっきりしていますので、区別はついています。

質問：電磁気力が、三次元空間の中にしか広がれないのに、重力だけが異次元空間ににじみ出ることができるのは、なぜですか。重力は特別なのですか？

村山：これはすごくいい質問だと思います。今のご質問は、どうして電磁気の力はわれわれと同じように三次元にへばりついているのに、重力だけは外に出られるかということですね。これはアインシュタインに教わったことなのですが、アインシュタインが言うには、重力というのは空間自身にかかわったもので、物を飛ばすとかそういうものとは違うということなのです。

例えば、太陽の周りを地球が回っています。これは重力でそれが起きているわけですが、アインシュタインは太陽の周りの空間が曲がっているからだと言ったのです。これは、ゴム膜の上に鉄球を載せると沈むのに似ています。大きな重力をもつ太陽を空間に置くと、鉄球の周りのゴム膜が沈むように、空間も沈みます。ゴム膜や空間が沈むということは、それらが曲がります。その曲がっているところに、別のボールを置くと、コロコロと曲がって中心の方に近づいていきます。

アインシュタインが言うには、重力とは空間を曲げるものだということです。曲がった空間の上に地球というボールをちょうどよく投げてやれば、太陽の周りをクルクルと回り続けることになります。これが太陽系の天体が太陽の周りを回り続ける理由だというわけです。

つまり、重力は空間の性質として説明できるので、異次元であろうと空間には違いないので、空間である限りは、重力の作用で曲がると考えられるのです。曲がるということは力が及ぶということなので、重力は異次元に対しても作用することができるのではないかと考えられています。重力は特別扱いされていて、どの次元でも動くことができますが、電磁気の力は三次元の膜にへばりついている。これは十分に考えられることなのです。

質問：異次元を運動している粒子は重力場のことをいっていますが、それは重力子（グラビトン）ということですか？

村山：重力子も、異次元を運動している粒子の有力候補の一つなのですが、それ以外にも候補はあります。例えば、普通の光が異次元を運動できるとすると、それも候補になります。光だったら見えるではないかと考えますが、実は、光と光は反応しません。なぜなら、光は電気を帯びていないので、光を光で見ることはできないのです。

私たちが光を見ることができるのは、光が眼の裏の網膜に当たったときに電子が神経細胞の中を流れるからです。ですから、私たちは光そのものを見ているのではなく、光が当たって出てきた電子を見ているのです。光が異次元の世界で運動している場合、その姿は光では見ることができません。ただ、異次元の世界で運動する電子があれば、それを光にぶつけることで見ることができるのですが、私たちの知っている電子は異次元の世界には出ていかないので、異次元の世界に光があっても反応しません。そういう理由で、異次元の世界で運動する光があれば、それも暗黒物質の候補となります。

質問：光子は電磁気力になりますよね。先ほどの説明ですと、電磁気力は三次元の膜の中にはりついているのではありませんか。なぜ、異次元の世界に出ることができるのですか？

村山：異次元にはいろいろなバージョンが存在する可能性があります。先ほどの話の中では、異次元には重力だけが出ることができるという場合について話をしましたが、例えば、物質だけは三次元の膜の中にはりついていて、電磁気力が異次元の世界に出ることができる場合も考えることができます。それでも、現在わかっている現象とは矛盾しません。その場合には、物質は異次元には出ることはできないけれど、重力と光は異次元に出ることができます。ここで重要なのは異次元にはいろいろな可能性があって、まだ正解がわからない状態だということなのです。

質問：暗黒物質を探すために地下に装置をつくっていますが、他の物質と反応しない暗黒物質をどうやって探すのですか？

村山：暗黒物質は、銀河団同士が衝突したときもすり抜けてしまうことでわかるように、普通の物質とほとんど反応しません。ですが、たくさんの物質とぶつかるところを調べれば、ほんの少しでも反応してくれるのではないかという期待があります。少し希望的観測のように聞こえるかもしれませんが、実際に実験をしてみないとわからないので、ほんのちょっとでも反応してくれないかなということを目指して取り組んでいます。

XMASS実験では、暗黒物質検出器の中には液化したキセノンが入っています（93ページ図4―3参照）。暗黒物質が検出器の中に入ってきて、キセノンの原子核にほんの少しでも当たれば、周りの電子が影響を受けてかすかな光を出します。そのかすかな光をとらえようというものです。暗黒物質は普通の物質とめったに反応しないと思いますので、一年に数回、一〇年で一〇回くらい反応が見られたら大発見という忍耐力のいるものです。そのくらい気の長い計画です。

第8章　宇宙は本当にひとつなのか

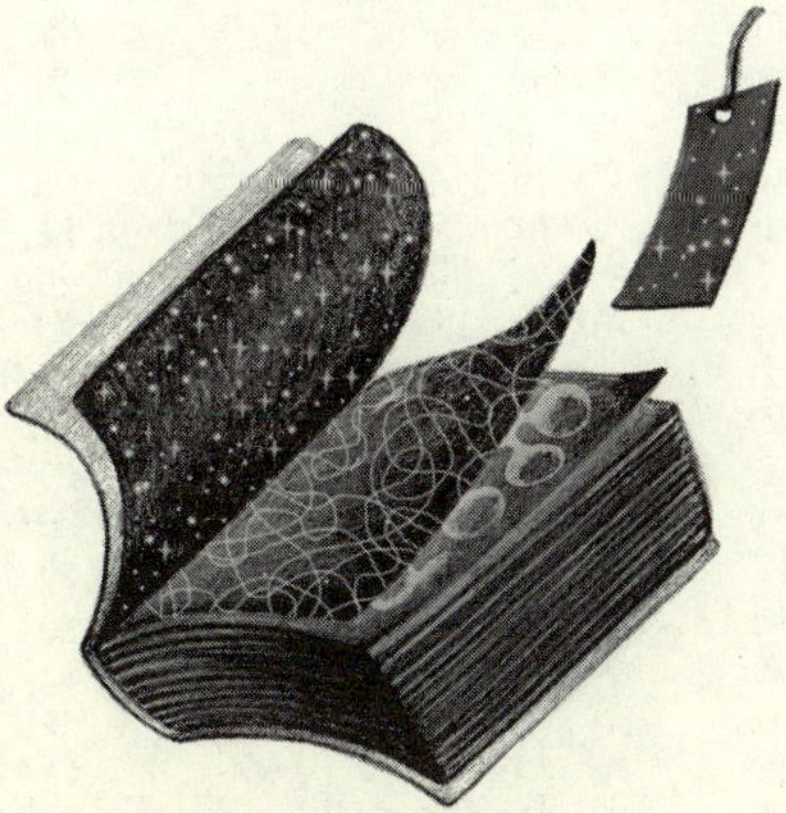

前章で扱ったのは、多元宇宙の中でも多次元宇宙と呼ばれるものです。この章では多元宇宙、宇宙は複数あるという考え方をお話ししていきます。宇宙はたった一つではなく、いくつもあるのではないかというものです。宇宙の本当の姿はどんなものなのかについて考えていきたいと思います。

三次元のサンドイッチ

これまでの話をまとめると、多次元宇宙とは、宇宙自身は一つで、私たちが見ることのできる三次元空間以外にも別の方向があるというものでした。しかし、多元宇宙は、その前提が大きく変わります。宇宙自身が一つではなくたくさんあるという考え方が多元宇宙なのです。

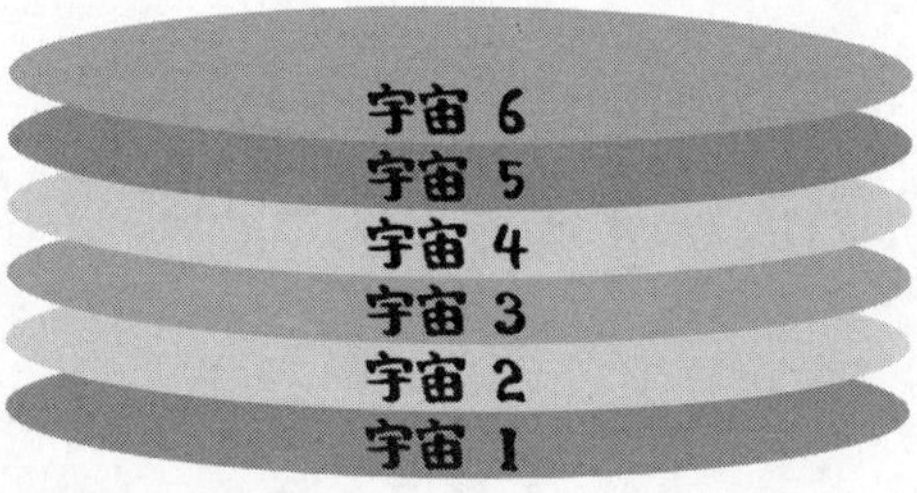

図8—1　多元宇宙のイメージ

多元宇宙というアイデアの一つの例としては、三次元空間がサンドイッチのように何層も存在するというものが考えられます（図8—1）。これは私たちが生活する三次元空間がいくつもあるのではないかということですね。しかし、この場合は、たくさんあるといっても、全体から見ればひとくくりの空間の中に収まります。ということは、一つの宇宙の中に、私たちが実際に見ることのできる空間と同じような三次元空間がいくつもあることにすぎないのです。実際、重いものを一つの三次元空間の中に置くと、別の三次元空間に影響が出ます。例えば、私たちの宇宙が図の「宇宙1」だとします。「宇宙2」にある星や物質は私たちの星や物質とぶつかったり反応したりすることはできません。しかし、三次元方向で近くに来ると重力では引き合います。もしかすると暗黒物質は重なった別の宇宙の物質だと考える人もいます。

宇宙の枝分かれ

それでは、本当に宇宙がたくさんあるというのはどういうことなのでしょうか。そういう議論が、最近、盛んにされています。実は、これと同じような議論は、少し前の時代からもされていました。量子力学の世界では粒子は波の性質を併せもっているという話をして、電子を一つずつ飛ばしていく実験の話をしました。一つの電子を飛ばすと、検出器のどこに当たるかわかりません。ですが、どこかには当たるわけです。どこでもいいのですが、なぜかある一つの点に当たることになります。これはとても不思議な現象です。

そして、このことを不思議だと思った物理学者のエベレットは、「この宇宙では電子はどこにでも落ちた。全部のところに落ちたのだ」と言いだしたのです。これはとても奇抜な意見に聞こえるかもしれません。この発言には続きがあります。彼は「電子は全部のところに落ちたのだけ

図8—2　量子力学の多世界解釈　枝分かれしてたくさんの宇宙ができていく。

れど、その宇宙が枝分かれをした」と言います。彼の考えによれば、宇宙は枝分かれしていて、電子が検出器のそれぞれの場所に当たった宇宙が別々に存在するということになります。ですから、毎回実験をおこなうたびに、電子は検出器のどこかに当たりますので、それ以外の場所に当たった宇宙というものが枝分かれしていきます。宇宙はこのようにして、どんどんと枝分かれをしていくというのです（図8—2）。これは量子力学の多世界解釈という名前がついていますが、これがたくさんの宇宙があることをまじめに議論し始めた最初の例だと思います。

膨張を加速するエネルギー

このように宇宙がたくさんあるという考え方は、考えれば考えるほど混乱してしまうのですが、なぜ、今、このような考え方が注目を集めているのでしょうか。それは宇宙の大きな謎の一つである暗黒エネルギーの問題と関係があるからです。

宇宙を構成するすべてのエネルギーの内訳を調べていくと、星や銀河は全エネルギーの〇・五パーセントほどにしかなりません。宇宙に存在する原子を全部集めても全体の四パーセントほどなのです。そして、暗黒物質は二三パーセントほどあります。しかし、この本の最初に述べたように、まだ宇宙にはエネルギーがあります。これは正体不明のエネルギーなので、暗黒エネルギーと呼ばれています。宇宙の全エネルギーの実に七三パーセントを占めているのに、それがどんなものなのかまったくわかっていないのです。

宇宙ではときおり、恒星が最後に大爆発をしてとても明るく輝く超新星爆発という現象が起こります。第5章でお話ししたように、この超新星爆発を調べていくうちに宇宙の膨張が加速していることがわかってきました。宇宙はビッグバン以降、どんどん膨張を続けています。これまで、膨張速度はだんだんと遅くなっていると考えられていました。ですが、最近、膨張速度が実は速くなっていることがわかってきました。ボールを上に投げるとやがて地球の重力に引っ張られて落ちてくるように、宇宙もやがて膨張が終わり、宇宙全体の重力が引き合って収縮していくと思われていたのですが、膨張速度が速くなっているという観測結果は、そのシナリオを書き替えてしまいました。

宇宙の膨張速度が速くなっているということは、上に投げたボールの速度がだんだんとゆっくりとなっていって、もう少しで落ちてくるかなと思っていたところが、急にまた速度を上げて上に進んでいくというくらいヘンに見えるわけです。膨張が加速しているということは、なぜかエネルギーが増えているのです。よくわからないけど、エネルギーが増えることで膨張が加速されていきます。そのエネルギーが暗黒エネルギーだと考えられています（図8—3）。

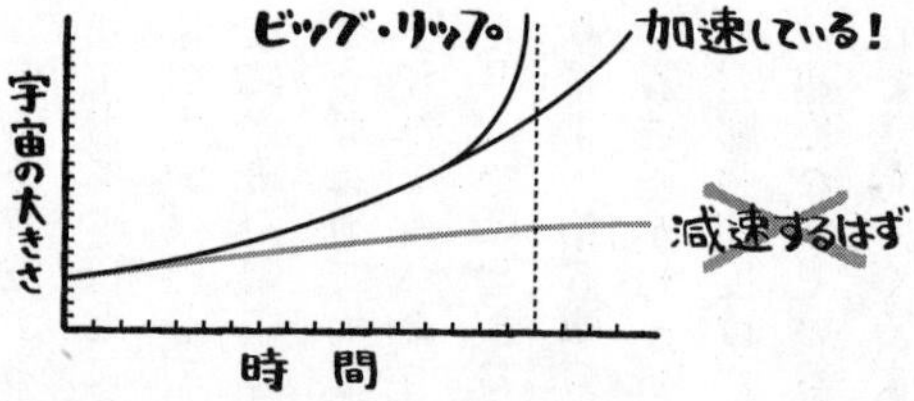

図8—3　宇宙は膨張を続ける　宇宙を膨張させているエネルギーこそ、暗黒エネルギーの正体である。

暗黒エネルギーは宇宙の運命を握っている大事なものです。宇宙の膨張速度が速くなりすぎて無限大になってしまいますと、宇宙はバラバラに引き裂かれてしまい、基本的に宇宙はそこで終わってしまいます。実は、暗黒エネルギーの正体にも量子力学が関わっているかもしれないのです。

理論物理学最悪の予言

量子力学では不確定性原理が働くと言いましたが、エネルギーでもちょっとヘンなことが起きます。波の性質も併せもつ粒子は、狭いところに押し込められると非常に激しく揺れます。ですから、ミクロの世界で粒子を短い時間観測するととても大きなエネルギーをもっているように見えます。ほんの少しの時間であれば、他からエネルギーを借りてくるようなことができるのです。エネルギーを借りるなんてことは、私たちの世界では考えられないことです。私たちの世界にはエネルギー保存の法則というものがあり、運動の前後のエネルギーは同じにならないといけないので、エネルギーの貸し借りはしてはいけないことになっています。

しかし、量子力学では少しの間だったら借りてきていいことになっていて、エネルギー保存の法則が破られているように見えます。この現象は借金によく似ています。借金はよくないのはわかっていますが、急にお金が必要になったりすると借りてしまいます。ただし、たくさん借りたらすぐに返さないといけないのです。少しの借金だったらしばらく借りてもいいけれど、たくさん借りたらすぐに返しなさいということです。

量子力学の場合は、お金ではなくてエネルギーを借りています。借りてきたエネルギーで粒子や反粒子をつくっているのです。軽い粒子・反粒子はあまりエネルギーがないので、長い間存在できますが、重いものはすぐに返さないといけないので存在する時間も短くなります。

私たちは、真空は何もない空っぽな空間だと思ってしまいますが、実は粒子と反粒子はたくさんできたり消えたりしているのです。粒子や反粒子はエネルギーがないとできません。真空の中ではエネルギーの貸し借りが起こり、たくさんの粒子や反粒子ができては消えてを繰り返しているのです。ですから、私たちが真空だと思っているものにはエネルギーがたくさんあるのかもしれません。このエネルギーのことを真空エネルギーと呼んでいます。

『般若心経』の中に、「色即是空、空即是色」という言葉があります。色というのは物質的な世界という意味です。空は空っぽという解釈でもいいのですが、仏教的な意味としては色、つまり物質的な世界を成り立たせる法則のようなものらしいです。空を空っぽという意味でとらえても、空っぽだと思ったものは、実は物であると読めます。まさに、何もないと思った真空が、実はエネルギーをもっていて、粒子や反粒子ができては消えてを繰り返しているかもしれないのです。

このできたり消えたりしている粒子は本当にあるのです。例えば二つの金属板を平行に置きます。どちらにも静電気がないことを確認します。普通に考えればこの金属板の間には引力も斥力もないはずです（第6章でお話ししたように重力はあまりに弱いのでここでは無視します）。ですが二つの金属板の間の真空で光の粒子である光子ができたり消滅したりしているので、光子の波が金属板の影響を受けます。第7章でお話ししたように金属板の距離によって波の波長が変わるのです。このため、金属板の間には弱いですが引力が働きます。これは実験で確かめられていて、カシミア効果と呼ばれているものです。

そして、その真空が膨張で大きくなっています。膨張して体積が増えた分だけ、エネルギーも大きくなりますので、真空がエネルギーをもっていればつじつまが合うことがたくさんあります。そして、その真空のエネルギーが暗黒エネルギーではないかと考えられるようになりました。

それでは、真空のエネルギーがあったとして、どのくらいの大きさになるのでしょうか。ざっと計算してみたところ、とても大きすぎることになりました。現在見積もられている暗黒エネルギーの量と比べて一二〇桁も大きくなってしまいます。つまり、1,000,000,000,000,000,000,000,000,000,000,000,000,000,000,000,000,000,000,000,000,000,000,000,000,000,000,000,000,000,000,000,000,000,000,000,000,000,000,000,000,000倍も計算結果が大きすぎるのです。暗黒エネルギーの量が、仮に、今、見積もられている量の二〇倍になるだけで、宇宙は星ができる前に引き裂かれてしまい、私たちは存在することができなくなります。それが一二〇桁も大きいというのは、お話にならないほどの数字です。これは「理論物理学最悪の予言」といっていいくらいのものです。

なぜ、真空のエネルギーの数値がここまで大きくなってしまうのでしょうか。重力と量子力学の世界を一緒に考えると非常にヘンな答えが出てしまうのです。重力が不確定性原理にしたがおうとすると、ゆらぎが強すぎて訳のわからない答えになってしまいます。ゆらぎが大きくなってしまうのは、素粒子を点として扱っていることに原因があるのではないかと考えられるようになってきました。その問題を解決するために出てきたのが超ひも理論です。

超ひも理論とブラックホール

これまで電子などの素粒子は大きさをもたない点として考えられてきました。ですが、素粒子をただの点として考えると、つじつまの合わないことが出てくるようになってきたのです。そこで、考えられたのが素粒子は実はひもだったと考える理論です。これが超ひも理論につながる最初の考え方でした。

素粒子が実はひもだったというのは、とても突飛な発想のように感じると思います。どうすれば、今まで点だったものをひもとして考えられるのでしょうか。超ひも理論でいっているひもは、とても小さなもので、その長さは一〇の三三乗分の一（10^{-33}）センチメートルです。小数点の後にゼロを三二個並べた後に一が来るくらい小さいものなので、私たちは見ることができません。

超ひも理論では、私たちが素粒子だと思っていたものは、実は振動して広がっているひもなのですが、あまりに小さいので点だと思い込んでいたというのです。この考え方が正しいものだったら、今まで点だと思っていた粒子の正体がとても小さなひもだったという超ひも理論が正しいものだったら、宇宙の姿も大きく変わってきます。まず、宇宙は一〇次元でなければいけないことになります。一次元の時間に加えて空間は九次元ということですので、私たちが目にすることのできる三次元空間の他に小さな異次元が六次元あることになります。加えて、ブレーンと呼ばれる三次元空間の膜も確かに存在して、物質はその膜に貼りついているということも、理論的に正しいことになります。

しかも、それだけではありません。超ひも理論は量子力学の理論と重力の理論、つまり相対性理論を両方とも含んだ理論です。今まで何人もの研究者が挑戦しても果たせなかった力の統一も可能になります。この宇宙に働くすべての力が説明できるということは、すべての自然現象を説明できるということです。原理的には、自然に関わるすべての数字、電子の重さや電磁気力の強さなどが計算できるようになるという、夢のような理論となる可能性があります。

超ひも理論は、まだ宇宙のすべてが説明できる状態ではありませんが、一部、説明に成功しているものがあります。それはブラックホールです。ブラックホールの不思議な性質を、超ひも理論を使って説明することができるのです。

ブラックホールの中心には特異点というものがあると考えられています。特異点では時空が無限に曲がっているので、私たちの使っている物理法則が使えなくなってしまいます。無限大がでると物理学者はお手上げなのです。このような特異点が宇宙空間の中に露出しているとやっかいなことになってしまいます。ですが、ブラックホールの特異点は事象の地平面というものに囲まれています。事象の地平面というのは、ブラックホールの重力が光を飲み込んでしまうほど強くなる境界のことで、この境界よりも外側にいれば特異点は見えないうえに、空間を自由に移動できます。事象の地平面の中に特異点がある限りは、やっかいなことが起きないという仮説を宇宙検閲仮説といいます。

ブラックホールがずっと存在していれば問題はないのですが、ホーキング博士がブラックホールは蒸発するという予言を発表しました。そうすると、蒸発した後にはブラックホールの特異点が宇宙空間に出てくるのではないかと大問題になったのです。この問題はいくつかの謎がありまず。まず、ブラックホールの熱というのは何かがわからなかったのです。

熱の問題については、量子力学の不確定性原理を使うことで、ブラックホールの熱は、エネルギーの貸し借りによって起こるものだと説明できるようになりました。

ブラックホールと普通の宇宙空間を隔てる事象の地平面のギリギリのところでエネルギーを借りると、粒子と反粒子をつくることができます。できた粒子と反粒子のうち、反粒子をブラックホールに捨てると、粒子だけが存在するようになります。反粒子をブラックホールに捨てると、エネルギーの借りを返したことになり、粒子がブラックホールの外で存在することができるようになります。水を熱すると湯気が出て、熱が外に逃げていきます。ブラックホールの周りにできている粒子も、水の湯気のようなもので、ブラックホールから出てくる熱だと考えることができるのです。

その理論をもとに、ブラックホールの寿命を計算してみると、とても長いことがわかりました。ＬＨＣでつくるようなとても小さなブラックホールはすぐに蒸発してしまいますが、太陽の数十倍の重さをもつ一般的なブラックホールの場合は、絶対温度一〇〇万分の一Ｋという極低温になっています。熱を出して蒸発するまでに一〇の六二乗年。一のあとにゼロを六二個も並べた年数がかかりますので、実際には起こり得ないことがわかります。

ただ、ブラックホールに熱があるというのは考えてみると不思議なことなのです。熱の正体は物質の運動です。夏の日中のように、熱いときは自分の周りの空気の分子が活発に動いています。その分子が体に頻繁に当たりエネルギーを送るので、熱く感じます。そして、冬の夜のように寒いときは、空気中の分子の動きがゆっくりなので、体に当たる分子の回数も減りますし、当たってても送られるエネルギーが少なかったり、逆に体の熱を取られてしまいます。つまり、物質が自由に動くことができないと熱は生まれないはずなのです。ブラックホール自身は止まっているとすると、熱を担っている分子に相当する自由度は何なのでしょうか。これが謎でした。ブラックホールの中では物質が落下していくだけなので、自由に運動することができません。それなのに熱をもっているというのは変ではないかと考えられていたのです。

六次元空間は折りたたまれている

この疑問は超ひも理論を使うと解決することがわかりました。超ひも理論が成立すれば、三次元空間のほかに六次元ありますので、私たちに見える三次元では何もないように見える特異点付近でも、実は残りの六次元の方向でひもが運動することができます。ひもの運動の仕方を数え上げると、ブラックホールが熱をもつということが説明できるようになるのです。ＩＰＭＵの大栗博司氏と当時大学院生だった山﨑雅人氏は、とても高度な数学を駆使して、最近までできなかったこの数え上げを実行しました。

超ひも理論を使うことで、ブラックホールの抱えていた問題を解決できるのであれば、この理論は問題なく宇宙全体に使ってもいいのではないかと思えます。しかし、宇宙全体を説明するためにはまだ不十分なのです。

まず、六次元の空間がどういうものなのかがわかりづらいという問題があります。現在考えられているのが、六次元空間が複雑に折りたたまれたカラビ・ヤウ多様体です。私たちが頭の中で直感的にイメージできるのは三次元空間までですので、六次元の空間がどういうものであるかイメージすること自体、とても難しいことです。しかも、それが折りたたまれているのですから、とても複雑です。突起があったり、穴があったり、でっぱりがあったり、引っ込んでいるところがあったりと、一言では表現できないほど複雑な空間であることは確かなようです。しかも、穴の中に磁力を通す場合も考えられたりして、カラビ・ヤウ多様体の六次元空間は、とてもたくさんの姿が考えられて、数学者が調べても、きちんと答えが出せないほどです。

そして、六次元の空間にどういう可能性があるのかを調べ上げるのが難しいという問題があります。六次元空間の姿や性質は、方程式を解いて考えていきます。しかし、今のところ、方程式を解いたときの解、つまり、六次元空間の候補の数は一〇の五〇〇乗個もあるのです。一の後にゼロが五〇〇個もつくくらい膨大な候補があるということは、超ひも理論から宇宙がどのような姿をしているのかが予言できないということになってしまいます。科学の理論が正しいかどうかを検証するためには、まず、物理的な現象を予言することができないといけません。理論から導きだされたその予言を、実験で確かめることができて、その理論が正しいといえるのです。しかし、候補が数えきれないくらいたくさんあるようでは、予言とはいえませんし、実験でも確かめようがないのです。そういう意味でも、超ひも理論はまだ未完成なのです。ですが、解の候補が膨大な数あることをむしろ逆手にとって、宇宙の理解に使おうという考えが出てきました。

宇宙はものすごくたくさんある？

超ひも理論を使って宇宙の性質を調べていくと、膨大な数の解の候補が出て来たわけですから、宇宙の可能性も膨大な数あることになります。一つ一つの解に対応する宇宙がすべてできたのかもしれません。宇宙が文字通り天文学的な数存在するかもしれないのです。ですが、これでは私たちの住む宇宙を理解することはできないのでしょうか。そこで出て来たのが人間原理という考え方です。無数にある解を大きな山脈の頂《いただき》の数々になぞらえて、ランドスケープ（風景）理論という呼び方もします。

この宇宙の物理法則を見なおして見ると、人間が出現するための条件がそろうようにできているのです。例えば、暗黒物質があるおかげで、星や銀河が生まれましたし、量子力学の法則が存在するおかげで、原子が潰れずに存在でき、私たちの体も潰れずにすんでいます。

また、私たちの世界は三次元空間が大きく広がっていて、それ以上の次元はとても小さくなっていると考えられています。空間が三次元に広がっているおかげで太陽系が存在できています。太陽系は八つの惑星をはじめ、たくさんの天体が太陽の周りをグルグルと回っています。もし、大きく広がっている空間が四次元以上だったとしたら、太陽の周りを回るたびに少しずつずれてしまい、同じところをグルグルと回ることができなくなります。一方大きい空間が二次元しかないと、DNAの二重らせん構造をつくることができません。生物が存在できるかどうか怪しいものです。

粒子の質量についても同じようなことがいえます。例えば、アップクォークとダウンクォークはあまり質量が違いませんが、仮にアップクォークの質量を一〇倍にしてみます。すると、陽子が中性子に比べて一〇パーセントほど重くなります。一〇パーセントというと大したことはなさそうですが、実は大変なことが起きます。陽子がすべて中性子に壊れてしまい、水素どころかすべての元素がつくれなくなってしまうのです。こうなると当然人類が生まれることもありません。

そのようなことを一つ一つ考えていくと、この宇宙はうまくできすぎているのです。たくさんの条件をもった宇宙がランダムにつくられていったと考えるにはできすぎているというところから考えられたのが、人間原理です。人間原理によると、人間が存在できるように宇宙の条件がそろえられているのは、ある意味で当たり前のことなのです。宇宙のことを観測するのは人間です。人間が存在できる条件を満たしていないと、人間が生まれません。人間が生まれないということは、観測されないわけなので存在しない、もしくは存在しないのと同じなのです。たくさん生まれた宇宙の中で、ごく稀に条件がそろった宇宙に人間が生まれ、そのような特殊な宇宙だけが科学の対象になり、私たちが見ることができるという理論になっています。

ここで特に重要なのが暗黒エネルギーです。既にお話ししましたように、真空のエネルギーが暗黒エネルギーの候補ですが、普通に計算すると一二〇桁も大きな答えが出てしまいます。仮にその計算が正しいとすると、宇宙が生まれてすぐに暗黒エネルギーのために宇宙の膨張が加速し始め、どんどん引き裂かれてしまうので、星や銀河が生まれることができません。そもそも人類が生まれるなんてありえないことになるのです。

しかし、宇宙がものすごくたくさんあると、その中のごくごく一部は真空のエネルギーが小さいかもしれません。確かに宇宙が一〇の五〇〇乗（10^{500}）個も生まれたのであれば、たまたま真空のエネルギーが期待される量の一〇の一二〇乗（10^{120}）分の一以下になっている宇宙もありそうです。そしてこのごくわずかの宇宙だけが暗黒エネルギーで引き裂かれることを免れて十分大きく成長し、暗黒物質が集まって元素を重力で引きずり込み、星、銀河、そして人類が生まれたというわけです。このように真空のエネルギーが小さい宇宙でしか人類が生まれないのですから、私たちの宇宙では真空のエネルギーが計算よりもずっと小さいのは当たり前だということになります。

理論物理学者は長いこと、量子力学と重力を統一する理論が完成すれば、そのただ一つの解としてこの宇宙が理解できると考えてきました。しかし最近のひも理論の考えでは、宇宙はいわば試行錯誤だということになります。なぜだかはまだ分かりませんが、宇宙は「とりあえず」一〇の五〇〇乗（10^{500}）個の解に対応して一〇の五〇〇乗（10^{500}）個できたのかもしれません。ほとんどのトライは「失敗」します。つまり真空のエネルギーが大きすぎてすぐさま引き裂かれて人類は生まれません。真空のエネルギーの大きさだけではなく、大きくなった次元の数、いろいろな素粒子の質量、四つの力の強さ、いろいろな物理量がそれぞれの宇宙で異なっています。「たまたま」うまくいった宇宙に限って私たちは生まれたということになります。

こう考えると、超ひも理論で無数とも言える解があるのはむしろ喜ばしいことかもしれません。

一方、宇宙が「できすぎ」なのは神のような超越的な存在が宇宙を創ったため、初めからうまくデザインされているのだという考え方もあり得ます。宇宙は試行錯誤の「たまたま」うまくいったものなのか、超越者が非常にうまく考えてつくったものなのか。

そもそも、このように無数の宇宙が存在するのかどうかはどうやって確かめられるのでしょうか。ここまで来ると科学なのか、哲学なのか、その境界があいまいになってきます。それで今、大論争になっているのです。

とはいっても、物理学の進歩はとても面白いところまで来ました。私たちの宇宙を理解したいという素朴な欲求から、他にもたくさん宇宙があるかもしれないというとんでもない考え方が出てきたり、人類はなぜ生まれたのか、真空とは何か、宇宙は「できすぎ」なのはなぜか、などと、とても深い問題がたくさんできてきました。この本でご紹介したように最近の宇宙の研究はものすごく進みましたが、一つ謎が解けるとさらに深い謎が現れる。これからも挑戦する課題はつきないようです。

宇宙の研究をしているととても謙虚な気持ちになります。宇宙の中のちっぽけな存在である私たちがここまで宇宙を理解できたのはとても不思議なことです。そしてこれからも驚くようなことがわかってくるに違いありません。

質疑応答

質問：異次元を探す研究は、空間の方をいろいろ探しているように感じます。時間は一次元だけということで、異次元の時間というものは研究されていないのですか？

村山：異次元の時間も研究はされています。ただ、時間は一次元の時は前と後ろがはっきりしているので、時間の向きが決められるのですが、二次元になると、前と後ろがわからなくなってしまいます。そうすると過去に戻ってしまうということが起きます。私たちの宇宙では、普通の状態では過去に戻ることができませんので、過去に戻ることのできる宇宙はいろいろな問題が起きてしまいます。もちろん、時間が二次元以上の可能性がないとは言い切れないのですが、時間の次元を増やすととてもややこしい問題につながってしまうので、とりあえず時間は一次元としておくといいというのが今の物理学の考えです。

質問：異次元空間も生物がいる可能性はありますか？

村山：原理的にはあると思います。異次元空間に生物がいる場合、その生物の体をつくっている材料や物理法則は、私たちの体の材料、つまり原子とはほとんど反応しないことだけは、今の時点ではっきりといえます。それ以上のことは異次元が見つかってみないとわかりません。

質問：サイクリック宇宙論は異次元の話と関係がありますか？

村山：もちろん関係あります。サイクリック宇宙論は、三次元空間の膜が異次元の中を移動していくのです。例えば、三次元空間の膜が二つあったとして、この二つがだんだんと近寄っていき、あるときにぶつかって、たがいにはね返ります。このぶつかった瞬間がビッグバンが起こった瞬間と考えられています。膜がぶつかったときは、膜自体が熱くなり、火の玉の宇宙が始まります。そして、二つの膜が遠ざかるとだんだんと冷えていきます。ある程度遠ざかると、また近寄るようになり、再び膜同士の衝突が起きるようになります。このサイクルを繰り返すのがサイクリック宇宙論です。実際の観測データと比べてみるとなかなかうまくいかない理論で、今のところ旗色が悪いのですが、まじめに研究されていると思います。

おわりに

この本では地球から始めて国際宇宙ステーション、月、太陽、イトカワ、隣の星、天の川銀河、と進み、暗黒物質の謎に出会いました。さらに遠くの銀河からだんだんと昔の宇宙の姿が見えてきて、ビッグバンに至ります。宇宙のはじめのミクロな揺らぎから、今望遠鏡で見ることのできる星、銀河、大規模構造が生まれたことをお話ししました。

一方、宇宙の膨張が最近（約七〇億年前）加速し始めたことがわかり、暗黒エネルギーが発見されました。その結果、宇宙の未来は暗黒エネルギーが握っていることになったのです。ですが、この宇宙の歴史と運命を支配する暗黒物質と暗黒エネルギーはどちらも正体がわかっていません。現代科学最大の謎と言っていいでしょう。

ここで登場したのが多元宇宙です。暗黒物質は実は異次元から来たのだという説が真剣に議論されています。目に見える宇宙は三次元空間ですが、実は小さくて目に見えない異次元がもしかすると六つもあり、暗黒物質は異次元を運動しているのでエネルギーを持ち、それが私たちから見ると止まっていながらエネルギーを持つ、つまり質量だと考えるのです。まさに$E=mc^2$です。

一方、暗黒エネルギーは今でこそ重要ですが、宇宙の歴史を通して、ほとんど無視できる存在でした。もしこれがミクロの世界の「真空のエネルギー」だとすると、期待される量に比べて一二〇桁小さすぎます。そこで多元宇宙。宇宙は試行錯誤で一〇の五〇〇乗（10^{500}）個も作られたのだが、ほとんどの宇宙は暗黒エネルギーが大きすぎて、引き裂かれて星や銀河ができなかった。「たまたま」暗黒エネルギーがとてつもなく小さかった宇宙だけに星や銀河ができ、知的生命体が生まれ、そうした宇宙が観測されるのだというわけです。

まるでSFのようなこうした考え方は、巨大な謎に直面した科学者たちの苦し紛れのつじつま合わせなのか、それとも暗黒世界が開いた新しい宇宙像への窓なのか、皆さんはどう思われたでしょうか。今後の実験・観測で答えていくしかありません。

こうした謎に取り組む研究者の心は星空を見上げて感動した小さな子供と全く変わりません。学校では「まだこれがわかっていない」ということは習いませんが、この本を読んでこんな大きな謎があることを知った皆さんの中から、「よし、自分も将来これらの謎に取り組むぞ」と思う人が出てくれれば、とても嬉しいです。

大きな謎に取り組むには根気がいります。ですが音楽が好きな人が何時間でも練習をするように、わくわくして取り組んでいることには頑張れるものです。そしてミュージシャンはたくさんのファンに支えられてもっと頑張ります。科学者もたくさんの応援団に支えられていると信じています。

プレーヤーになるか、ファンになるか、どちらにしてもこの本が一人でも多くの人を駆り立ててくれることを願っています。

最後になりましたが、この本は編集者の小澤久さんの忍耐力なくては世に出ることのなかった本です。四つの独立した講演をテープから起こしてまとめてくださった荒船良孝さんの筆力も欠かせませんでした。ＩＰＭＵ主催の一般講演会をきりもりした広報の宮副英恵さん、断っても説き伏せて講演を実現してしまった朝日カルチャーセンター新宿教室の神宮司英子さん、綱渡りのスケジュール管理から遅れがちなメールの返答まで対応してくれた秘書の榎本裕子さん、私の知識不足な分野について丁寧に教えてくれたＩＰＭＵの同僚の皆さん、力足りない機構長を補って運営を担う事務部門の皆さん、そしてアメリカで半ば母子家庭のように苦労している家族に感謝して締めくくりたいと思います。

二〇一一年六月

村山　斉

さくいん

N.D.C.440.12　201p　18cm

ブルーバックス　B-1731

宇《う》宙《ちゅう》は本当《ほんとう》にひとつなのか
最新宇宙論入門

2011年 7 月20日　第 1 刷発行
2011年 8 月 4 日　第 2 刷発行

著者　村山《むらやま》 斉《ひとし》
発行者　鈴木 哲
発行所　株式会社講談社
〒112-8001 東京都文京区音羽2-12-21
電話　出版部　03-5395-3524
販売部　03-5395-5817
業務部　03-5395-3615
印刷所　(本文印刷) 慶昌堂印刷株式会社
(カバー表紙印刷) 信毎書籍印刷株式会社
製本所　株式会社国宝社

ISBN978−4−06−257731−1

発刊のことば

科学をあなたのポケットに

二十世紀最大の特色は、それが科学時代であるということです。科学は日に日に進歩を続け、止まるところを知りません。ひと昔前の夢物語もどんどん現実化しており、今やわれわれの生活のすべてが、科学によってゆり動かされているといっても過言ではないでしょう。

そのような背景を考えれば、学者や学生はもちろん、産業人も、セールスマンも、ジャーナリストも、家庭の主婦も、みんなが科学を知らなければ、時代の流れに逆らうことになるでしょう。

ブルーバックス発刊の意義と必然性はそこにあります。このシリーズは、読む人に科学的に物を考える習慣と、科学的に物を見る目を養っていただくことを最大の目標にしています。そのためには、単に原理や法則の解説に終始するのではなくて、政治や経済など、社会科学や人文科学にも関連させて、広い視野から問題を追究していきます。科学はむずかしいという先入観を改める表現と構成、それも類書にないブルーバックスの特色であると信じます。

一九六三年九月

野間省一

ブルーバックス　宇宙・天文・地学関係書

1260	ペンローズのねじれた四次元	竹内　薫
1293	宇宙300の大疑問	S・F・オデンワルド　塩原通緒=訳　加藤賢一=監修
1380	新装版　四次元の世界	都筑卓司
1388	新装版　タイムマシンの話	都筑卓司
1390	熱とはなんだろう	竹内　薫
1394	ニュートリノ天体物理学入門	小柴昌俊
1395	科学の大発見はなぜ生まれたか	J・アガシ　立花希一=訳
1414	謎解き・海洋と大気の物理	保坂直紀
1417	宇宙の素顔	マーティン・リース　青木　薫=訳
1425	新装版　相対論的宇宙論	佐藤文隆／松田卓也
1458	クェーサーの謎	谷口義明
1476	宇宙のからくり　第2版	山田克哉
1487	ホーキング　虚時間の宇宙	竹内　薫
1491	遺伝子で探る人類史	ジョン・リレスフォード　沼尻由起子=訳
1492	宇宙100の大誤解	ニール・カミンズ　加藤賢一／吉本敬子=訳
1496	暗黒宇宙の謎	谷口義明
1505	対称性から見た物質・素粒子・宇宙	広瀬立成
1510	新しい高校地学の教科書	杵島正洋　松本直記=編著　左巻健男
1517	ダイヤモンドの科学	松原　聰
1542	クイズ　宇宙旅行	中冨信夫
1575	波のしくみ	佐藤文隆／松下泰雄
1576	富士山噴火	鎌田浩毅
1592	発展コラム式　中学理科の教科書　第2分野（生物・地球・宇宙）	石渡正志　滝川洋二=編
1593	海のなんでも小事典	道田　豊／加藤　茂　小田巻　実／八島邦夫
1628	国際宇宙ステーションとはなにか	若田光一
1638	プリンキピアを読む	和田純夫
1639	見えない巨大水脈　地下水の科学	日本地下水学会　井田徹治
1645	DVD-ROM&図解　ハッブル望遠鏡で見る宇宙の驚異	ビバマンボ／小野夏子　渡部潤一=監修
1659	地球環境を映す鏡　南極の科学	神沼克伊
1667	太陽系シミュレーター　Windows7／Vista対応版　DVD-ROM付	SSSP=編
1670	森が消えれば海も死ぬ　第2版	松永勝彦
1687	宇宙の未解明問題	R・ハモンド=著　大貫昌子=訳

ブルーバックス12cm CD-ROM付

BC01	太陽系シミュレーター	SSSP=編

ブルーバックス　物理関係書 (I)

79 相対性理論の世界　J・A・コールマン　中村誠太郎＝訳
373 新しい科学論　村上陽一郎
563 電磁波とはなにか　後藤尚久
693 量子力学の考え方　J・C・ポーキングホーン　宮崎　忠＝訳
789 超ひも理論と「影の世界」　広瀬立成
873 時間の不思議　都筑卓司
911 電気とはなにか　室岡義広
1004 質量の起源　広瀬立成
1012 量子力学が語る世界像　和田純夫
1128 原子爆弾　山田克哉
1188 金属なんでも小事典　増本　健＝監修　ウォーク＝編著
1205 クォーク　第2版　南部陽一郎
1213 静電気のABC　堤井信力
1216 脳と心の量子論　治部眞里／保江邦夫
1249 図解　わかる電気と電子　見城尚志
1251 心は量子で語れるか　ロジャー・ペンローズ／A・シモニー／N・カートライト／S・ホーキング　中村和幸＝訳
1259 光と電気のからくり　山田克哉
1260 ペンローズのねじれた四次元　竹内　薫
1285 意識は科学で解き明かせるか　天外伺朗　茂木健一郎
1287 カオスから見た時間の矢　田崎秀一

1295 マンガ　量子論入門　J・P・マッケボイ＝文　O・サラーティ＝絵／治部眞里＝訳
1310 「場」とはなんだろう　竹内　薫
1324 いやでも物理が面白くなる　志村史夫
1328 クイズで学ぶ大学の物理　飽本一裕
1337 パソコンで見る流れの科学（CD－ROM付）　矢川元基＝編著
1380 四次元の世界（新装版）　都筑卓司
1381 パズル・物理入門（新装版）　都筑卓司
1383 高校数学でわかるマクスウェル方程式　竹内　淳
1384 マックスウェルの悪魔（新装版）　都筑卓司
1385 不確定性原理（新装版）　都筑卓司
1388 タイムマシンの話（新装版）　都筑卓司
1390 熱とはなんだろう　竹内　薫
1394 ニュートリノ天体物理学入門　小柴昌俊
1395 科学の大発見はなぜ生まれたか　J・アガシ　立花希一＝訳
1406 真空とはなんだろう　広瀬立成
1412 脳とコンピュータはどう違うか　茂木健一郎　田谷文彦
1414 謎解き・海洋と大気の物理　保坂直紀
1415 量子力学のからくり　山田克哉
1425 相対論的宇宙論（新装版）　佐藤文隆／松田卓也
1444 超ひも理論とはなにか　竹内　薫
1445 ゴルフ上達の科学　大槻義彦

ブルーバックス　物理関係書（II）

1452 流れのふしぎ　石綿良三／根本光正＝著　日本機械学会＝編
1480 宇宙物理学入門　桜井邦朋
1483 新しい物性物理　伊達宗行
1484 単位171の新知識　星田直彦
1487 ホーキング　虚時間の宇宙　竹内　薫
1499 マンガ　ホーキング入門　J・P・マッケボイ＝文　オスカー・サラーティ＝絵　杉山　直＝訳
1505 対称性から見た物質・素粒子・宇宙　広瀬立成
1509 新しい高校物理の教科書　山本明利　左巻健男＝編著
1511 「複雑ネットワーク」とは何か　増田直紀　今野紀雄
1521 音のなんでも実験室　吉澤純夫
1522 判断力を高める推理パズル　鈴木清士
1543 早わかり物理50の公式　保江邦夫＝監修　岡山物理アカデミー＝編
1550 絵で見る物質の究極　江尻宏泰
1555 物理のABC（新装版）　福島　肇
1560 はじめての数式処理ソフト　CD-ROM付　竹内　薫
1561 相対論のABC（新装版）　福島　肇
1569 電磁気学のABC（新装版）　福島　肇
1575 波のしくみ　佐藤文隆／松下泰雄
1591 発展コラム式　中学理科の教科書　第1分野（物理・化学）　滝川洋二＝編
1600 量子力学の解釈問題　コリン・ブルース／和田純夫＝訳

1605 マンガ　物理に強くなる　関口知彦＝原作　鈴木みそ＝漫画
1606 関数とはなんだろう　山根英司
1620 高校数学でわかるボルツマンの原理　竹内　淳
1642 新・物理学事典　大槻義彦／大場一郎＝編
1657 高校数学でわかるフーリエ変換　竹内　淳
1663 物理学天才列伝（上）　ウィリアム・H・クロッパー　水谷　淳＝訳
1664 物理学天才列伝（下）　ウィリアム・H・クロッパー　水谷　淳＝訳
1669 極限の科学　伊達宗行
1675 量子重力理論とはなにか　竹内　薫
1680 質量はどのように生まれるのか　橋本省二
1690 エントロピーがわかる　アリー・ベン－ナイム＝著　中嶋一雄＝訳
1697 インフレーション宇宙論　佐藤勝彦
1701 光と色彩の科学　齋藤勝裕

ブルーバックス　コンピュータ・エレクトロニクス関係書

1084 図解　わかる電子回路　加藤　肇／見城尚志／高橋　久
1166 図解　わかるメカトロニクス　小峯龍男
1412 脳とコンピュータはどう違うか　茂木健一郎／田谷文彦
1489 電子回路シミュレータ入門　増補版　CD-ROM付　加藤ただし
1553 図解　つくる電子回路　加藤ただし
1564 シンプルに使うパソコン術　鐸木能光
1572 仮想世界で暮らす法　内山幸樹
1577 構造化するウェブ　岡嶋裕史
1588 てくの生活入門　朝日新聞be編集グループ＝編
1589 見てわかるC言語入門 Windows Vista対応版　CD-ROM付　板谷雄二
1590 続・オーディオ常識のウソ・マコト　千葉憲昭
1599 これならわかるネットワーク　長橋賢吾
1601 仕事がみるみる速くなる　パソコン絶妙ちょいワザ164　トリプルウイン
1610 パソコンは日本語をどう変えたか　YOMIURI PC 編集部
1621 瞬間解決！　パソコントラブル解消 なんでも小事典　トリプルウイン
1641 大人のための新オーディオ鑑賞術　たくきよしみつ
1665 動かしながら理解するCPUの仕組み　CD-ROM付　加藤ただし
1682 入門者のExcel関数　リブロワークス
1699 これから始めるクラウド入門　2010年度版　リブロワークス

ブルーバックス12cm CD-ROM付

BC05 パソコンらくらく高校数学　微分・積分　友田勝久／堀部和経
BC09 パソコンらくらく高校数学　図形と方程式　友田勝久／堀部和経